Jacob Bolton's

Geſchichte

der

merkwürdigſten Pilze

mit 46 illuminirten Kupfern.

III. Theil.

Aus dem Engliſchen mit Anmerkungen

von

Carl Ludwig Willdenow.

Berlin, 1799.

in der Buchhandlung des Geheimen Commerzien - Raths

Pauli.

Vorrede.

Zu dieſem dritten Theile des Boltonſchen Werks, habe ich auch keine Anmerkungen beygefügt, ob ich gleich ſehr vieles gegen ſeine Gattungen Clathrus, Helvella, Peziza, Sphaeria und Mucor, zu ſagen hätte. Damit aber die Leſer wiſſen, was ſie denn eigentlich im vierten und letzten Theile dieſes Werks von mir zu erwarten haben, ſo will ich ihnen hier alles, was ich zu ſagen gedenke, im Allgemeinen bekannt machen.

Ich werde erſt über den Nutzen und Schaden der Pilze handeln, dann über die Gattungen (genera), und werde die hier abgehandelten nach dieſen Gattungen klaſſificiren, zuletzt werde ich ein vollſtändiges ſyſtematiſches Verzeichniſs mit genauer Synonymie und Berichtigung einiger Citata geben. Ich ſchmeichle mir mit der Hoffnung, dadurch mehreren Klaſſen von Leſern dieſes Werk brauchbarer zu machen, und werde nach meinen Kräften keinen Fleiſs ſparen, ſo viel als möglich den Erwartungen zu entſprechen.

Berlin,
den 8ten Februar 1799.

C. L. Willdenow.

Ein-

Fortgeſetzte

Einleitung.

Nach der Herausgabe der Einleitung des erſten Theils, ſehe ich die daſelbſt erwähnte Helvella inflata bey *Schäffern* tab. 249, unter dem Namen Helvella Clavaria *) abgebildet. Die Zeichnung iſt aber nach einem vertrockneten Exemplare gemacht. Dieſe Helvella ſteht auch in der Flora danica. T. 658. Die Abbildung iſt nach friſchen Exemplaren entworfen, aber das Aufgeblaſene des

)(3 Huts

*) In meiner Ausgabe von Schäffers Werk heiſst ſie Clavaria ligula.

Anm. d. Ueberſ.

Huts dabey nicht deutlich ausgedrückt, auch hat der Zeichner das Auswerfen des Samens aus der Oberfläche durch Zergliederungen deutlich zu machen gesucht.

Der von mir Boletus rangiferinus genannte und Tab. 138. abgebildete Pilz, ist auch mit verschiedenem Ansehn, in der Flora danica T. 405. vorgestellt, und der Verfasser vermuthet, dass er der Fungus digitatus alveariorum des *Loesel* sey. Diese Figuren scheinen aber alle von weniger ausgebildeten Gewächsen als die meinigen, genommen zu seyn.

Meine Sphaeria agariciformis findet sich auch in der Flora danica T. 540. aber viel kleiner, ohne dass die sehr merkwürdige Wurzel angezeigt wäre, wobey folgende Beschreibung steht: „Fungus difficulter ad ullum notorum generum „referendus, stipite ex albo-livescente suberoso ses„quipollicari, pileo glandis forma fusco, cute sub„cornea papillosa, poris cellularum carnis mucila„gine seu gelatina repletarum.“ Alle Exemplare dieses Pilzes, die mir zu Gesichte gekommen sind, hatten einen doppelten Hut.

Alle

Alle Aufmerkſamkeit verdient die merkwürdige Erſcheinung von Elaſticität an den ſamentragenden Fäden einiger Pilze und Farrenkräuter, die man bei gröſsern Arten mit bloſsen Augen, bey kleinern aber nur durch ein Vergröſserungsglaſs gewahr wird. Herr *Edward Robſon* zu *Darlington* im Bisthum *Durham* ein ſinnreicher Botaniker hat mir kürzlich eine Beobachtung der Art über den Clathrus fulvus mitgetheilt, welche mir dieſe ſonderbare Operation der Natur zu erklären ſcheint. Was er mir hierüber geſchrieben hat, theile ich hier wörtlich mit.

„Ich überſende Ihnen ein Exemplar eines „wunderſamen kleinen Gewächſes, deſſen Strunk „eine Linie lang iſt, der an der Spitze einen run„den Hut von der Gröſse eines Rübſamenkorns „trägt, welcher anfangs ſehr zart iſt und einen „Milchſaft enthält, alsdann ſchön orangenfarben „und zuletzt olivenfarbig wird. Eine groſse „Menge dieſes Pilzes, die eben reif und zum Un„terſuchen tüchtig waren, betrachtete ich unter „einer Vergröſserung und einige von dieſen wa„ren an der Spitze geöffnet. Einen davon legte „ich auf einen Preſsſchieber von Marienglas und „beobachtete ihn mit dem Sonnenſpiegel des Mi„croſcops. Anfangs war ich nicht wenig erſtaunt

„zu bemerken, daſs einige der Faſern die zur „Oeffnung herausſteckten ſich wie der Fuſs einer „Fliege, welche auf dem Rücken liegt bewegten. „Noch mehr aber erſtaunte ich, als ich mit einer „Nadelſpitze die Haut mehr aufgeriſſen hatte, zu „ſehn, daſs die Faſern gleich einem Bündel ver„wickelter Würmer als ob ſie lebten, ſich beweg„ten. Bey einem kleinen ganz herausgenomm„nen Bündel von Faſern, war die animaliſche Be„wegung auſserordentlich ſtark, ſie drehten ſich „zur Hälfte bald rechts bis links herum, und ka„men mir zu zwey oder dreymalen ganz aus „dem Focus. Jede von dieſen Faſern hatte eine „verſchiedene Bewegung, einige umwinden ſich „einander, unterdeſſen andere ſich beugen, aus„dehnen, ſchneckenförmig aufrollen, ſchaukeln u. „ſ. w. An den Fäden hängen an den Seiten „Körner, die ich für Samen halte, und ich be„merkte auch daſs bey jeder Bewegung ſich eini„ge löſeten. Einige von den Fäden konnte ich „unter der Vergröſserung deutlich unterſcheiden, „ſie hatten die Dicke und das Anſehn von Pfer„dehaaren, ſie ſchienen zwey Zoll lang zu ſeyn, „und waren an beyden Enden verdünnt, ihre Be„wegung aber giebt ihnen das Anſehn von leben„den Würmern. — Ich habe zu verſchiedenen „Zeiten mehrere beobachtet, die ſich eben ſo ver-

„verhielten, am ſtärkſten fand ich die Bewegung „wenn die Haut eben zerſprungen war. Die „Samen haben übrigens das Anſehn von feinen „Schieſspulverkörnern."

Dieſelben Erſcheinungen geben alle Farrenkräuter, am ſchönſten und deutlichſten aber der Schachtelhalm (Equiſetum). Auſserdem giebt es aber noch Pflanzen die ihre Samen von ſich ſchleudern, wie Cardamiae impatiens, Impatiens noli tangere u. a. m., aber bey dieſen geſchieht dies durch andere Vorrichtungen.

Ich bin durchaus in dieſem Werke bey der Anführung der Schriftſteller ſo vorſichtig als möglich geweſen, da ein falſches Citiren die gröſste Verwechſelung veranlaſst, und mehr verwirrt als aufklärt. Wenn ich mir die Pflanzen der Floriſten nachzuſpüren unterſtanden, ſo will ich, daſs man ſelbſt nachforſche, ob ich Recht habe. In einigen Fällen wo ich bey wiederholten Unterſuchungen die Abbildung und Beſchreibung eines Schriftſtellers zwar übereinſtimmend fand, aber doch in weſentlichen Merkmalen einen Unterſchied bemerkte; ſo habe ich die Benennung des Schriftſtellers nicht angeführt, und es für rathſamer gehalten, meine eigene Benennung zu wählen, bis meine fernern Beobachtungen oder die meiner Freunde ſie beſtättigen oder verwerfen. Aus eben dem Grunde gebe ich jetzo noch keinen Index Synonymorum über das ganze Werk, den ich, ob er mir gleich, ſo unvollkommen er iſt, viele Zeit und Mühe gekoſtet hat, bis zum letzten Theil, der die den übrigen Anhang von Pilzen enthält, erſpare.

Bis jetzo habe ich noch verſchiedene Pilze, die ich nicht bekannt machen kann, weil mir ihre verſchiedene Entwickelungs - Grade unbekannt ſind, ich werde aber keine Gelegenheit vorbey gehn laſſen, ſie genauer zu beobachten, damit ich ſie beſſer kennen lerne.

Die Blätterpilze, Löcherpilze und einige andere Gattungen wachſen an der Erde, und müſſen in ſolchen Boden geſucht werden der aus Dammerde beſteht, eine niedrige und feuchte Lage hat, wie in ſchattigen Wäldern, auf auf Wieſen und Triften, unter Hecken und auf alten Baumäſten. In Sand- oder Thon - Boden, was er immer für ein Anſehn und Lage haben mag, wird man nur wenige Arten finden, und auf Kalkboden ſah ich nie viele.

Die

Die parrasitischen Pilze finden sich in niedriger feuchter Lage, in der Nachbarschaft von Bächen auf Stücken von faulendem Holze. Die Arten von Bäume, worauf die Samen der Pilze am besten gedeihen, sind: Haselnuss, Birke, Else, Hollunder, Ahorn, Ulme, Pappel, verschiedene Weiden, Birnen, Kirschen und besonders alle Fruchtbäume. Die Beschreibung und Abbildung dieser, so wie alle andere englischen Bäume, sehe man in Evelyn's Sylva mit Anmerkungen und Verbesserungen von Dr. Hunter, Mitglied der Londner königl. Societät, herausgegeben zu York 1776. 4to. Ein Werk, was jeder Forstmann, Edelmann und Landwirth wenn ihm anders die Anpflanzung der Wälder am Herzen liegt, sorgfältig nutzen sollte.

Unter den Schriftstellern welche von Pilzen geschrieben haben und diese mit Abbildungen erläutern, ist der älteste von einigem Belang mir bekannte *Franzis van Sterbeck*, der in seinem Theatrum Fungorum, was zuerst zu Antwerpen 1654 in 4to herauskam, 32 Knpfer, worauf 300 Figuren sind, mit holländischen Beschreibungen hat. Die Zeichnungen sind recht gut, nur sind bey einigen die Gattungscharakter vernachläsiget. Ich habe einen solchen Abdruck die-

dieſes Werks der illuminirt iſt, in welchen dieſe Fehler mit dem Pinſel ergänzt und verbeſſert ſind, der ſehr ſelten iſt.

Marſilius in ſeinem Buche de Generatione Fungorum, das zu Amſterdam 1714 in Fol. heraus kam, hat 27 mittelmäſsige Kupfer, aber die Figuren und die Abhandlung über die Erzeugung der Pilze ſind jetzo nicht mehr brauchbar.

Micheli Nova plantarum genera. Florent. 1729. Fol. enthalten 800 Arten Pilze, mit einer groſsen Zahl guter Kupfer und einiger Gattungen aus andern Klaſſen.

Battara in ſeiner Fungorum Agri Ariminenſis Hiſtoria, die zu Rimini 1755. in 4to erſchien, hat 40 Kupfer, worauf eine groſse Anzahl Figuren ſind. Alle ſind gut beſchrieben mit eigenen Anmerkungen und Beobachtungen.

Sebaſtin Vaillant in dem zu Amſterdam 1727. in Fol. herausgekommen Botanicon Pari-

Parisiense giebt unter andern vortrefflichen Figuren, auch 40, vor allen sehr genaue, über Pilze.

Schaeffer in den zu Regensburg 1780. in 4to herausgegebenen 4 Bänden. Fungorum in Bavaria et in Palitinatu circa Ratisbonam nascentium Icones hat 330 schöne Kupfer. Viele Arten sind in verschiedenen Entwicklungsgraden vorgestellt und auf diese Art nimmt ein Pilz öfter mehrere Platten ein, so daſs die Zahl der Kupfer dadurch sehr vermehrt ist. In diesem Werke sind die Kupfer auf beyden Seiten des Papiers abgedruckt.

Bulliard in dem nun zu Paris erschienenen Werke Champignons de la France, hat auf eine sehr vorzügliche Art die Pilze dieses Landes in grosser Anzahl prächtig abgebildet.

In den Werken eines *Jacquin*, in der *Flora danica*, in den prächtigen Werke, das unser Landsmann *William Curtis* jetzo in Folio heftweise unter dem Titel: *Flora Londinensis* herausgiebt, sind unter andern Gewächsen, auch verschiedene genaue Abbildungen und Be-

Beschreibungen von Pilzen; so daſs wir nun bald sagen zu können hoffen: daſs dieser weitläuftige Zweig der Naturkunde nicht länger zur Schande des botanischen Studiums ein Chaos mehr sey. —

Stannary bey Halifax,

den 12ten December 1789.

Geschichte
der
um Halifax wachsenden Pilze.

Fünfte Gattung
Gitterpilz
* gestielte.

---

106. Clathrus nudus; *stipitatus, axi longitudinali adnato Sp. pl. 1649. Mich. gen. nov. p. 215. t. 94. Hall. hist. 2165.*

Nackter Gitterpilz.

Tab. 93. f. 1.

Er besteht aus einen schwarzen haarförmigen Strunk von der Länge einer Linie, und einem rothbraunen walzenförmigen einer weichen wolligen Feder nicht unähnlichen Hut.

A Fi-

Figur a ſtellt ihn in natürlicher Gröſse dar; b aber vergröſsert um die netzförmige Geſtalt zu zeigen. Figur c iſt ein kleiner Theil dieſes Netzes, um die Lage der Samen deutlich zu machen, abgebildet.

Er wächſt im September und October in hohlen verfaulten Stämmen und Baumwurzeln an verſchiedenen Oertern um Halifax.

---

107. CLATHRUS denudatus; *ſtipitatus, capitulo oblongo volvato. Sp. Pl. 1649. Mich. gen. nov. T. 94. F. 1. Relhan fl. ſuppl.* 1. *p.* 30. *No.* 1046.

Entblöſster Gitterpilz.

Tab. 93. fig. 2

Dieſer hat einen kugelförmigen bräunlich-rothen Hut, von der Gröſse eines Senfkorns, der auf einem fadenförmigen kaum linienlangen Strunk ſteht. Der Hut iſt von einer Haut bedeckt, die an der Spitze auf reiſst und dem haarförmigen Netze, was ſich der Länge nach in eine längliche Geſtalt ausdehnt, den Durchgang geſtattet; ſie bleibt aber an der Baſis des Netzes gleich einer Wulſt, und wenn der Samen ausgeſtreut iſt, bleibt der Hut noch einige Zeit allein in einer ſchwarzen länglichen Form ſtehen. a und b ſieht man dieſen Pilz in natürlicher Gröſse in ſeinen verſchiedenen

denen Graden der Entwickelung; c, d, iſt er mehr vergröſsert mit eben dieſer Veränderung vorgeſtellt; c, ſieht man den Hut mit der Haut bedekt ſtark vergröſsert, und e wenn das Netz ſich ausgedehnt hat unter eben der Vergröſserung.

Ich fand ihn im Julius und Auguſt an feuchten Stellen auf faulem Holze.

---

108. Clathrus fulvus; *ſtipitatus, capitulo globoſo coccineo villo fuſco Hudſ. Angl.* 631. 6. *Mucor perennis, pallidus pileo fulvo. Sp. Pl.* 1655. *Hall. hiſt.* 2163. *T.* 48. *F.* 4. *Relhan append. alt. p.* 28. *No.* 1099.

Brauner Gitterpilz.

Tab. 93. fig. 3.

Der kugelrunde Hut iſt anfangs ſchön zinnoberfarbig, wenn er älter wird, verliert ſich dieſe Farbe ins Schmutzigbraune, alsdann platzt die ihn umgebende Haut und zeigt ein braunes Netz. Der Strunk iſt eine Linie lang und weiſs. Nach dem Ausſtreuen des Samens bleibt nur die Haut des Huts noch einige Zeit unter der Geſtalt eines unregelmäſsig am Rande zerriſſenen Bechers.

a, b, iſt einer in natürlicher Gröſse; c, d, e, f aber vergröſsert in ſeinen verſchiedenen Entwicklungsgraden abgebildet.

---

109. CLATRUS flavus; *stipitatus, capitulo globoso villo flavo Huds. Angl.* 631. *Mucor perennis, stipiti filiformi nigro, capitulo globoso cinereo. Sp. Pl.* 1655. *Hall. hist.* 2161. *T.* 48. *Fig.* 3.

Gelber Gitterpilz.

Tab. 93. fig. 4.

Der kugelförmige Hut ist anfangs weiss, nachher wird er braungelb, und wenn die Haut reisst, sieht man ein gelbes Netz mit Samen angefüllt; ehe er aber gänzlich vergeht, bleibt er noch eine zeitlang in schwarzer kugelartiger Gestalt, wie man in natürlicher Grösse a, b, und etwas vergrössert c, d sehen kann.

Dieses Gewächs ist dem vorhergehenden sehr ähnlich und vielleicht nur eine Abart desselben.

110. Clathrus ſphaerocephalus; *ſtipitatus, capitulo globoſo cinereo. Relhan Flor. Cant. append.* 31. 1084. *Dill. muſc. T.* 14. *F.* 5. *Hudſ. Angl.* 631. 5. *Hall. hiſt.* 2160. *T.* 48. *Fig.* 2.

Kugelförmiger Gitterpilz.

Tab. 94. fig. 1.

Der kugelrunde braune Hut hat die Gröſse eines groſsen Mohnſamens, und wird von einem braunen doppelt ſo langen Strunk unterſtützt. Dieſe Art iſt von allen verwandten durch die länglich aufgeſchwollene durchſichtige Baſis, wie an den vergröſserten Figuren a. b, c, zu ſehen iſt, unterſchieden. Die braune Haut ſpringt auf b, und verſchwindet dann gänzlich c.

Er wächſt zu allen Jahreszeiten in den Rizzen alter Baumſtämme.

---

111. Clathrus olivaceus; *ſtipitatus, ſtipite et capitulo villoſo olivaceo.*

Olivenfarbiger Gitterpilz.

Tab. 94. fig. 2.

Dieſer iſt dem vorhergehenden ähnlich, aber nackend ohne Bedeckung einer Haut. Der Strunk ſowohl als der Hut ſind mit einer olivenfarbenen Wolle bedeckt; letzterer beſteht aus viel-

vielmals getheilten Fäden, an denen der Same hängt.

a, sieht man die Pflanze in natürlicher Grösse; b, etwas vergrössert; c, die Samen stark vergrössert. Er wächst auf faulenden in Haufen liegenden Pflanzen, und macht die Verbindung zwischen den Gattungen Clathrus und Mucor.

---

* Stiellose.

112. CLATHRUS turbinatus; *acaulis turbinatus, villo flavescente. Hudſ. Angl* 632. 8. *Mich. gen.* 214. *T.* 94. *Fig.* 2. *Hall. hist.* 2168. *T.* 48. *Fig* 7.

Kreiselförmiger Gitterpilz.

Tab. 94. fig. 3.

Diese Art steht in dichten Haufen, ist sizzend, dunkelgelb, und von der Grösse eines Mohnsamens. Der kreiselförmige Hut hängt durch eine schmale Basis fest; und die ihn bedeckende Haut reisst an der Spitze in verschiedene Lappen auf, durch welche sich das Netz um den Samen auszustreuen drängt, wie an der vergrösserten Figur b, zu sehen ist.

Er wächst an feuchten Stellen um Halifax häufig auf faulem Holze. Diese Art verbindet wieder die Gattung Clathrus und Lycoperdon.

Ge-

Geſchichte
der
um Halifax wachſenden Pilze.

Sechste Gattung.
Morcheln
* geſtielte.

113. HELVELLA Mitra; *ſtipitata, pileo deflexo adnato lobato deformi. Sp. Pl.* 1649. *Schaeff. fung. t.* 159. 160. 161. 162. 282. 320. 322. *Hall. hiſt.* 2246. *Mich. gen. p.* 204. *T.* 86. *Fig.* 7. 8. 9. *Ray. ſynopſ.* 8. *Relhan. flor.* 436. *No.* 959.

Gemeine Morchel *).
Tab. 95.

Die Wurzel beſteht aus wenigen an der Baſis des Strunks befeſtigten Faſern.

 Der

*) Boltons Helvella mitra iſt nicht dieſe Pflanze, daher müſste eigentlich der Name geändert werden; doch davcn im vierten Theil dieſes Werks ein mehreres.
Anm. d. Ueberſ.

Der Strunk ist vier oder fünf Zoll lang, weiss, innerhalb hohl, unregelmässig stark gedreht, und mit Furchen und Erhabenheiten versehen, öfters spaltet er sich an verschiedenen Stellen, besonders nach der Wurzel zu.

Der Hut ist gemeinhin Bischofsmützenförmig, schmutzig blass olivenfarbig, von der Dicke des Handschuh-Leders, bröklig, und zwischen den Fingern gehalten weich wie Sammet.

So sehr aber auch dieses Gewächs in der Gestalt und Farbe abändern mag, wie die oben angeführten Figuren aus *Schaeffers historia fungorum* an einigen schönen Spielarten zeigen, so habe ich dasselbe doch nie in hiesiger Gegend in der Art gesehen.

Wächst an schattigen Stellen in den meisten Wäldern, aber doch selten um Halifax, ausgenommen, wie ich in der Einleitung angezeigt habe, im Jahre 1777, wo diese Morchel in verschiedenen Wäldern auf Anhöhen u. s. w. sehr häufig war.

114.

114. Helvella hiſpida; *ſtipitata, acetabulo extus ſub aſpero plano aut concavo. Schaeff. fung. T.* 167. *Hall. hiſt.* 2227 *Act. Petrop. IV.* 282. *Tab.* 29. *Fig.* 3. *Hudſon Angl.* 636. 9.

Rauhe Morchel.

Tab. 96.

Die Wurzel iſt hart und unregelmäſsig, ſie hat wenige weiſse feſte, gebogene Faſern.

Der Strunk iſt hart, feſt, zuweilen zuſammengedrückt oder gefurcht, nach der Wurzel zu dicker, ſchmutzig blaſs mauſefarben, und drey bis vier Zoll lang. Bey den meiſten von mir unterſuchten Exemplaren war der Strunk nach dem Hute zu dunkler und blaſſer gegen die Wurzel hin.

Der Hut iſt hemiſphäriſch oder tellerförmig, oftmals am Rande, der friſch mit weiſslichen Haaren befranzt iſt, etwas wellenförmig gebogen Die Unterſeite des Huts ſo wie der Strunk ſind mit haarförmigen Körnern beſetzt, die Oberfläche iſt aber glatt. Er hat einen oder zwey Zoll im Durchmeſſer, iſt bröklig, von der Dicke eines fein geſchorenen Tuchs, und eben ſo anzufühlen. Die bloſse Mauſefarbe deſſelben wird, wenn er vergeht, dunkler. Hat dies Gewächs ſeine völlige Reife erlangt, ſo werden durch eine elaſtiſche Kraft bey einer geringen Erſchütterung die Samen in Geſtalt eines feinen Dampfs ausgeſtoſsen.

Es ist ein hier seltenes Cewächs, was ich nur an zwey Orten sah. Die hier vorgestellten Pilze sind den 27ten September 1787 in einem Walde hinter Highfield drey Meilen von Halifax gesammelt.

Hudson bringt dies Gewächs zu den Peziza-Arten, weil, wie man deutlich sieht, es den Samen in Dunstgestalt auswirft, ein Umstand, der mich bewegt, es, wie es auch Schaeffer gethan hat, zu den Morcheln zu zählen.

---

115. HELVELLA faritoria; *stipitata, stipite cylindrico albo, pileo venoso inflato. Elvela clavata. Schaeff. fung.* 249. *Dickson crypl. fasc.* 1. *p.* 19.

Steitkolbenförmige Morchel.

Tab. 97.

Die Wurzel ist ein harter fasriger schwärzlichbrauner Knopf, der etwas dicker, als der Untertheil des Strunks ist.

Der Strunk ist in der Jugend walzenförmig fest, weich, biegsam und silberweiss, mit dem Alter wird er runzlich, gedreht, zuweilen spaltet er sich auch, besonders nach der Wurzel zu.

Der Hut (wenn er anders so genannt werden darf) gleicht in seiner Gestalt dem breiten Ende einer Spade und der Strunk stellt den Stiel der-

derſelben vor. Er beſteht anfangs aus zwey gleichen blaſs citronenfarbnen an beyden Seiten und auf der innern Fläche zuſammengewachſenen Häuten, oder mit andern Worten, er gleicht einem dünnen Blatte, deſſen beyden Flächen zuſammengedrückt ſind. Wenn er mehr ausgewachſen iſt, bekommen beyde Flächen Runzeln, und vom Strunk an breiten ſich äſtige Adern aus; zuletzt aber trennen ſich beyde Flächen und der Hut wird aufgeblaſen. Oefnet man zu der Zeit den Hut, ſo findet ſich innerhalb nichts als einige faſrige Fäden.

Dieſes iſt die von mir in der Vorrede erwähnte Helvella inflata, da aber Schäffer einer andern Art denſelben Beynamen gegeben hat, ſo habe ich dieſen in oben erwähnten umgeändert. Schäffers Figur iſt nach einem vertrokneten Exemplar gemacht, die aber von ihm angeführten Figuren des Micheli und Vaillant gleichen meiner Art nicht.

Wie ich die hier gezeichneten Exemplare abbilden und beſchreiben wollte, ſtieſsen ſie beym Berühren in Dampfgeſtalt den Samen fort, der im Sonnenlichte wie Silberſtäubchen glänzte.

Wächſt im September und October in den Pflanzungen zu Fixby Hall.

116. Helvella agariciformis; *stipitata, stipite cylindrico, pileo hemisphaerico albido.*

Blätterpilzartige Morchel.

Tab. 98. fig. 1.

Der ganze Pilz ist weiss, der Strunk einen halben Zoll lang, und fadenförmig, der Hut aber hemisphärisch, von der Grösse des Kohlsamens. Diese Art wächst öfter in Haufen, zuweilen auch einzeln Figur a ist sie in natürlicher Grösse, b aber vergrössert zu sehn.

Wächst in feuchten und schattigen Wäldern unter den Moosen an den Wurzeln der Bäume,

---

117. Helvella aurea; *stipitata, stipite brevi, pileo umbellifero aureo.*

Goldfarbene Morchel.

Tab. 98. fig. 2.

Der Strunk ist kurz, am breitesten nach oben, an der Basis kegelförmig, die sich in eine kurze Spitze ohne Fasern endigt, womit sie an den Theilen, worauf sie steht, festhängt.

Der Hut ist oben polsterförmig, goldfarbig, unten blasser, am Rande dünne und hat völlig ausgewachsen einen Viertel-Zoll im Durchmesser. Seine Substanz ist bröklig, wässerig und halb durchscheinend.

Er

Er wächſt auf abgefallenen Zweigen in feuchten Waldungen. Ich finde nirgend bey den Schriftſtellern eine Figur oder Beſchreibung, die mit den beyden Morcheln übereinkommt.

---

* Stiellofe.

118. Helvella cochleata; *acaulis turbinata cochleata. Peziza cochleata Sp. Pl.* 1631. *Relhan Flora* 466. *No.* 970. *Hudſ. Angl.* 637. *Hall. hiſt.* 2245. *Schaeff. fung. t.* 150. 155. 156. 274. 280. *et fortaſſe* 158. *Vaill. pariſ. t.* 11. *fig.* 8.

Schneckenförmige Morchel.
Tab 99.

Die Wurzel beſteht aus einen kleinen Büſchel kurzer Faſern. Dieſer Pilz iſt halb durchſichtig, brüchig, gelbſtrohfarben wenn er auf Miſthaufen wächſt, wie Fig. b; aber dunkelbraunroth, wenn er in Gärten auf den mit Kies beſtreuten Spaziergängen und ähnlichen Orten ſteht. Auf altem Holze ſieht man ihn öfter ſchwarz, zumalen innerhalb, wie Figur a. Der Durchmeſſer iſt von einem halben bis zwey Zoll. Zuweilen ſteht der Pilz einzeln, zuweilen auch in Haufen, in beyden Fällen ändert er ſehr in ſeiner Form ab. Der Rand iſt meiſtens wellenförmig und nach innen gerollt, zuweilen zerriſſen, beſonders an alten

Pil-

Pilzen. Auf der Oberfläche iſt er hohl und hat die Geſtalt eines Ohrs, einer Schüſſel, einer Patelle, mehrerer Seemuſcheln, eines Fingerhuts, eines Löffels, einer Kinderhand und vieler anderer Dinge, wie man an den von *Schäffer* citirten Figuren ſehn kann. Iſt er vollkommen ausgewachſen, ſo giebt er beym Berühren den Samen in Dunſtgeſtalten von ſich, ein Umſtand, worauf andere Schriftſteller nicht geachtet haben, die ihn zu den Peziza-Arten zählen. *Lightfool* in ſeiner Flora ſcotica p. 1052, merkt dieſe Eigenſchaft zwar an, ohne ſie jedoch zu benutzen.

Wächſt im Herbſt häufig um Halifax.

---

119. Helvella coccinea; *non ſtipitata, cyathiformis, margine obtuſo erecto. Peziza cyathiformis, margine obtuſo erecto. Sp. Pl.* 1651. *Schaeff. fung.* 148. *Relh. fl. p.* 465. *No.* 967.

Rothe Morchel.

Tab. 100.

Dieſe ſchöne Morchel iſt durch einen kleinen Büſchel ſchwarzer Faſern an der Erde befeſtiget.

Sie iſt überall gleich dick, von der Stärke des Schafleders. Der Rand iſt ſtumpf, blaſſer als die Oberfläche auf eine ſehr verſchiedene Art

wellen-

wellenförmig gebogen. Die Oberfläche iſt angenehm pomeranzenfarbig, in der Jugend aber prächtig ſcharlachroth.

In der Geſtalt iſt ſie ſehr verſchieden, bald iſt ſie ganz flach, bald ſteht auf der einen Seite der Rand in die Höhe und auf der andern liegt er dicht an. Zuweilen wachſen mehrere auf einen Punkt, rollen und beugen ſich dann eine über die andere. In der Jugend aber iſt ſie glatt am Rande ganz und gleich einem Becher an den Eicheln. In der Gröſse findet man ſie von einen bis vier Zoll im Durchmeſſer.

Wächſt auf ſandigen Boden, in den Spaziergängen der Gärten an Landſtraſsen u. ſ. w. um Halifax. Sie läſst beym Berühren, wie die übrigen Gattungsverwandten den Samen in Dunſtgeſtalt fahren.

Es giebt eine karmeſinrothe Peziza, die mit dieſer Morchel verwechſelt wird, wie wir in der Folge ſehn werden.

---

120. Helvella cartilaginea; *acaulis, pileo pulvinato coccineo glabro.*

Knorpelartige Morchel.

Tab. 101. fig. 1.

Dieſe Art iſt feſt, knorpelartig, halb durchſichtig, oben konvex, hoch orange oder ſcharlach lachroth, glatt und ſchlüpfrig anzufühlen. Der Rand iſt ſpitz zulaufend glatt und ohne Haare. Der ſenkrechte Durchſchnitt Figur a, zeigt die Dicke dieſes Pilzes.

Wächſt auf alten Wällen und Felſen zwiſchen Moos beſonders Polytrichum minus *Dill. muſc. T* 54, *F.* 2. Uebrigens iſt ſie ſehr von der Peziza ſcutellata des *Linné*, *Ray* u. ſ. w. verſchieden.

---

121. Helvella ſarcoides *purpurea ſeſſilis, pileo vario hemiſphaerico infundibuliformi floriformi-lobato plicato criſpo purpureo. Schaeff. fung. t.* 333. *Dickſon faſc.* 1. 21. *Peziza gelatinoſa coccinea, cyphis conicis ſimplicibus et gregariis Hall. hiſt.* 2221.

Fleiſchige Morchel.

Tab. 101. fig. 2.

Sie iſt friſch halbdurchſichtig und zwiſchen den Fingern gedrückt, einer ſteifen elaſtiſchen Gallarte gleich. Die Figur iſt ſehr verſchieden, man ſieht ſie nach den verſchiedenen Graden der Entwickelung in Geſtalt einer Keule, eines Kegels, Turbans, Blätterpilzes, einer Blume, einer Manſchelle, eines Darms, und mehrerer

andere

andere ihr eigenthümlichen. Wenn ſie zuerſt hervorkommt, iſt ſie keulenförmig, Figur a. Friſch iſt ſie beſtändig purpurfarbig, beym Vergehn wird ſie aber ſchwarz.

Wächſt auf Eichenſtämmen zwiſchen der Rinde und dem Holze häufig um Halifax.

Geſchichte
der
um Halifax wachſenden Pilze.

Siebente Gattung
Becherpilz

---

122. PEZIZA lentifera; *campanulata lentifera. Sp. Pl.* 1649. *Peziza ſericea. Schaeff. fung.* 180. *Cyathus ſericeus intus laevis. Hall. hiſt.* 2215. *Mich. nov. gen. p.*222. *T.*102. *Fig.*1. *Vaill. pariſ. p.*56. *T.*11. *F.*6.7. *Hudſ. Angl.* 633. 1. *Lightfort ſcot.* 1048. 1.

Linſentragender Becherpilz.
Tab. 102. fig. 1.

Die Wurzel beſteht aus einem kleinen harten Knoll, der zahlreiche kurze braune Faſern hat.
Der

Der ganze Pilz ist einen halben bis einen ganzen Zoll lang, glokkenförmig, am Rande flach ausgebreitet; innerhalb glatt, seidenartig glänzend, schlüpfrig anzufassen, trocken, und blass mausefarben; ausserhalb ist er schmutzig und etwas scharf anzufühlen.

Wenn dieser Pilz jung ist, so ist seine Oeffnung mit einer weissen Haut bedeckt, die in der Mitte aufreisst, vom Rande sich ablöset, und linsenartige Samenkapseln einschliesst, welche anfangs mit einer weissen Gallarte angefüllt sind, die sich nachher in Samen verwandelt. Jede dieser linsenartigen Samenkapsel ist durch einen kurzen Faden im Mittelpunkt des Bechers befestiget.

Wächst auf faulen Holz und an sandigen Wegen.

---

123. PEZIZA striata; *campanulata lentifera, extus hirsuta intus striata Sp. Pl.* 1650. *Schaeff. fung. t.* 178. *Relhan Flor. p.* 164. *n.* 962.

Gestreifter Becherpilz.

Tab. 102. fig. 2.

Diese Art ist von der vorigen verschieden, der sie übrigens ähnlich ist, durch ihre umgekehrt kegelförmige und nicht glockenförmige Gestalt, durch die dunklere Farbe, durch die kleineren blaſseren Samenkapſeln, daſs ſie auſſerhalb braun behaart, und innerhalb tief gefurcht iſt.

Wächſt ſelten um Halifax auf faulen Wurzeln und Stämmen der Bäume.

---

124 PEZIZA cornucopioides; *infundibuliformis, diſco patente ſinuato - punctato. Sp. Pl.* 1650. *Elvella cornucopiae. Schaeff. fung. t.* 165. 166. *Vaill. pariſ. T.* 13. *Fig.* 23. *Var. punctata. Relhan Flor.* 465. *n.* 965. *Hudſ. Angl.* 634. 5. *Lightfoot ſcot.* 1050. 5.

Fühlhornartiger Becherpilz.

Tab 103.

Die Wurzel iſt hart, zähe, und mit einer groſsen Zahl ſchwarzer kurzer haarförmiger Faſern bedeckt.

Der röhrenförmige Theil dieſes Pilzes iſt dünne an der Baſis und erweitert ſich allmählig nach oben. Der Rand iſt ſchön gelappt und ausgebuchtet, bisweilen zerriſſen, und gefalten, oder auch ganz eben.

Die Auſſenſeite iſt mit nach obenſteigenden äſtigen Adern und einem wollenartigen Staube be-

bedeckt. Die innere Seite iſt ſchmutzig dunkelbraun, was ſehr ins Schwarze fällt. Die Subſtanz iſt zähe und elaſtiſch.

Der Pilz wächſt zuweilen einzeln, häufiger aber zu fünf bis ſechs aus einer Wurzel in Büſcheln. In lezteren Fall drückt einer den andern und daher bekommen ſie eine verdrehte andere Form.

Wächſt an trockenen Stellen in ſchattigen Wäldern um Halifax, als bey Schrogge, North-Dean u. ſ. w.

Es giebt eine Spielart deren Oberfläche am Rande mit einer Art kleiner Körner bedeckt iſt, wie ſie *Vaillant* und die oben angeführte Figur bei *Schäffer T.* 166. zeigen.

---

125. PEZIZA coccinea; *ſubſtipitata campanulata, interna cremeſina externe carnea, margine integro nudo attenuato.*

Rother Becherpilz.

Tab. 104.

Dieſer Pilz und *Schäffers T.* 148. Elvella coccinea, die bey mir T. 100. abgebildet iſt, wird von den meiſten Botaniſten als eine Spielart derſelben Art angeſehn, und die Synonymie dieſer Ar-

Arten iſt in allen Floren ſo verwechſelt, daſs es unmöglich iſt zu ſagen welches Citat zu dieſer oder zu jener Art gehört. Die Helvella coccinea iſt durchaus von gleicher Dicke, der Rand iſt ſtumpf, die Farbe orange oder ſcharlach auf der Oberfläche, auſſerhalb etwas blaſser. Sie wird drey oder vier Zoll breit, hat eine unregelmäſsige Geſtalt, iſt zerbrechlich, findet ſich häufig im Sande, und wirft ihren Samen in Dunſtgeſtalt aus.

Die hier von mir genannte Peziza coccinea iſt in der Mitte am dickſten, wird nach dem Rande zu dünner, iſt brennend karmeſin ins blutroth übergehend, auſſerhalb blaſs Fleiſchfarben oder rein weiſs. Die gröſsten Exemplare haben einen Zoll im Durchmeſſer, und ſind meiſt regelmäſsig glockenförmig. Die Subſtanz iſt feſt und zähe. Sie findet ſich auf alten Stöcken und abgeſtorbenen Baumzweigen, und wirft nie ihren Samen in Dunſtgeſtalt aus. Ich habe eine geſtielte Spielart, die vollkommen weiſs auſſerhalb war geſehn. A. B. Figur C. iſt ein völlig ausgewachſener Pilz durchſchnitten vorgeſtellt.

Wächſt im Herbſt und Winter häufig in den Wäldern bey Bächen um Halifax.

126. Peziza ochroleuca; *dura coriacea glabra, margine laevi, ſtipite nigro.*

Gelblicher Becherpilz.

Tab. 105. fig. 1.

Die Baſis des Strunks hängt an faulem Holze, was an naſsen Stellen liegt. Der Pilz iſt zähe, lederartig; der Strunk feſt, ſchwarz; dieſe Schwärze verliert ſich nach oben ins Gelbliche. Der Rand iſt glatt, eben, ſtumpf. Die innere Fläche des Bechers iſt glatt und dunkel okergelb.

Ich ſammelte dieſes Gewächs an verſchiedenen Stellen bey Halifax, finde aber nirgends davon eine Abbildung oder Beſchreibung.

---

127. Peziza undulata; *infundibuliformis, diſco patente, marginibus ſinuatis undulatis criſpis Elvella tubaeformis. Schaeff. fung. T. 157. F. 2. Mich. nov. gen. T. 82. F. 2. Vaill. pariſ. T. 13. F. 7. 8. 9.*

Wellenförmiger Becherpilz.

Tab. 106. fig. 2.

Die Wurzel iſt braun, hart, mit kurzen ſchwarzen Faſern beſezt. Die Röhre iſt dünne an der Baſis und bis zur Hälfte gleich dick, alsdann breitet ſie ſich aus und hat einen ſchönen wellenförmigen und krauſen Rand. Auſſerhalb ſind wenige kaum merkliche Adern; innerhalb iſt ſie glatt und fühlt ſich weich an. Die Farbe iſt auſſerhalb goldgelb, dunkler nach der Wurzel zu, innerhalb iſt ſie dunkelbraun. Die Subſtanz iſt zähe und elaſtiſch. Die Höhe ein bis zwey Zoll.

Dieſe Art iſt hier ſelten, die abgebildeten und beſchriebenen Exemplare ſammelte ich den 17ten October 1786. zu Ramſden - Wood.

---

128 Peziza Tuba; *ſtipitata, ſtipite filiformi, limbo plano, tota lutea.*

Trompetenförmiger Becherpilz.

Tab. 106. f. 1.

Dieſer ſchöne kleine Becherpilz hängt mit ſeiner Baſis an faulen Stäben und abgefallenen Zweigen an feuchten Orten in der Nähe von Bächen. Er hat im kleinen die Geſtalt einer Trompete, iſt einen halben Zoll hoch, und ſchön blaſsgelb.

Figur b, iſt er etwas vergröſsert; c, perpendiculär durchſchnitten, und a, in natürlicher Gröſse. Ich finde nirgend eine Abbildung und Beſchreibung die damit übereinkommt.

129.

129.. Peziza inflexa; *ſtipitata*, *ſtipite incurvo, marginibus ciliatis. Mich. gen. T.* 86. *Fig.* 13.

Gebogener Becherpilz.

Tab. 106. fig. 2.

Dieſe kleine nette Peziza wächſt auf faulenden Zweigen an waldigten feuchten Orten bey Bächen. Sie iſt beſtändig gebogen, wie die gegebene Abbildung zeigt. Der Strunk iſt weiſs und durchſichtig. Der Becher iſt hemiſpäriſch, etwas dunkel, ins blaſse Ocherfarbene übergehend. Um den Rand herum iſt er mit aufrecht ſtehenden durchſichtigen Spitzen geziert, die dem unbewaffneten Auge Haare zu ſeyn ſcheinen, unter einer geringern Vergröſserung fand ich daſs es dünne, durchſichtige, an der Baſis verdickte, ſtumpf zugeſpitzte, den Rand des Bechers umgebende Häute ſind. Der Pilz ſchrumpft zuſammen, und wird beym Trocknen zähe.

130. Peziza Auricula; *concavo - rugosa auriformis Lin. Syst. Nat. Murr. p.* 23. *Tremella Auricula Sp. pl.* 1625. *Hudson Angl.* 563. *Gleditsch. p.* 39. *n.* 3. *Sterb. Theat. T.* 27. *Fig. H. Relhan Flor.* 466. *n.* 971. *Mich. nov. gen. T.* 66. *Fig.* 1.

Ohrförmiger Becherpilz.

Tab. 107.

Er hängt mit einer kleinen Central oder nabelförmigen Wurzel an der Borke der Hollunder und Weidenbäume. Das ganze Gewächs ist schmuzig olivenfarben, und nimmt eine grosse Verschiedenheit in der Gestalt an, die vom Alter, von der trockenen und feuchten Luft abhängt. Jung und feucht ist dieser Pilz meistens kreiselförmig, wie Figur a, besser ausgewachsen in regnigtem Wetter ist er mehr ausgedehnt, lappig, wellenförmig, und die Lappen decken einander. Er ist gallertartig, zitternd, dunkel olivenfarbig, hat zwey bis drey, auch wohl fünf Zoll im Durchmesser; in welchem Zustande er Figur b zu sehen ist. In der trockenen Luft schrumpft er zusammen und wird kohlschwarz, wie Figur c. Die Oberfläche ist beständig glatt, die untere hat etwas haariges oder körniges, und fühlt sich einwenig scharf an.

Hudson zählt diese Art zu den Tremellen, wie *Linné* in einigen seiner Werke. Sollte nicht durch

durch dies Gewächs Tremella und Peziza vereinigt werden?

Wächſt ſelten um Halifax. Die hier abgebildeten Exemplare ſammelte ich im Februar 1789 bey Red - Beck in der Nähe von Shibden - Hall an der Rinde einer alten Weide.

---

131. PEZIZA ſcutellata; *plana, margine convexo piloſo. Sp. pl.* 1651. *Mich. gen.* 207. *T.* 86. *Fig.* 19. *Schaeff. fung. t.* 284. *Ray. ſyn. p.* 18. *T.* 24. *Fig.* 3. *Relhan. Flor.* 466. *n.* 969. *Hudſ. Angl.* 637. 24. *Lightfoot ſcot.* 1053. 8.

Gefranzter Becherpilz.

Tab. 108. fig. 1.

Er wächſt gewöhnlich auf Kuhmiſt, der auf dem Felde liegt, zuweilen auf verfaultem Holz, oder auch auf naſsem faulen Mooſe. Beym Hervorkommen iſt er einen Mohnſamen ähnlich, orange, an der äuſserſten Spitze mit ſteifen aufrechten Haaren beſetzt, wie man etwas vergröſsert Figur a ſieht; wenn er ſich öffnet, wie b, ſo hängen die Haare, die vormals an der äuſsern Spitze ſtanden am Rande, und er gleicht einem kugelförmigen Becher. Wenn er weiter auswächſt ſchlägt ſich der Rand zurück, der Mittelpunkt wird

wird flach und der Rand allein bleibt etwas erhabener. Das ganze Gewächs iſt röthlich - orange farben.

Wächſt häufig auf den Feldern um Halifax.

---

132. Peziza coerulea; *plana, marginibus obtuſis ciliatis.*

Blauer Becherpilz.

Tab. 108. fig. 2

Dieſe prächtige Art hängt mit einer kleinen Wurzel auf faulem Holze an feuchten Stellen. Die Auſſenſeite iſt ſchwarz und glatt, die innere lebhaft blau. Der Rand iſt ein wenig blaſs, ſtumpf und mit weichen, blaſsen Haaren umgeben. Die beyden obern Figuren ſind vergröſsert.

Mir iſt nicht bekannt, daſs vor mir dieſer Pilz abgebildet und beſchrieben wäre. Ich ſammelte ihn im October 1782 unter Tannenbäumen bey Barks - Hall in der Nähe von Halifax.

---

133. Peziza viridis; *acaulis, diſco viridi, margine nigro.*

Grüner Becherpilz.

Tab. 109. fig. 1.

Dieſer ſchöne Pilz hängt auf der Unterſeite abgefallener Eichblätter. Der Mittelpunkt iſt ſchmu-

ſchmuziggrün, der Rand nach Verhältniſs breit und ſchwarz. Die Figuren auf dem Blatte ſind in natürlicher Gröſse, die andere vergröſsert.

Ich ſah dieſes Gewächs im December 1785 auf abgefallenen Eichblättern in groſser Menge zu North - Dean. Ich finde von dieſem keine Nachricht bey den Schriftſtellern.

---

134. Peziza fuſca; *acaulis, diſco fuſco, margine elevato pallido.*

Brauner Becherpilz.

Tab. 109. fig. 2.

Er wächſt auf trockenen Miſthaufen, die lange gelegen haben. Er iſt geſättigt braun, dünne, und hängt, den Rand ausgenommen mit ſeiner ganzen Fläche feſt. Der Rand iſt ganz, etwas erhaben, dünne, blaſs olivenfarbig. Ich finde nirgends eine eigene Beſchreibung dieſer Art.

Lightfoot ſagt in ſeiner Flora ſcotica p. 1054 unter der Beſchreibung von Peziza ſcutellata: „Sie ändert vom Gelben ins Braune, und iſt zuweilen nakt am Rande, ohne Haare,“ aber mein Gewächs iſt gänzlich in allen Entwickelungsgraden von der Peziza ſcutellata verſchieden. Ich habe ſie an einigen Stellen um Halifax, aber nie in groſser Menge getroffen.

Ge-

Geſchichte
der
um Halifax wachſenden Pilze.

Achte Gattung.
Keulenpilze.
* unzertheilte.

---

135. Clavaria piſtillaris; *clavaeformis ſimpliciſſima Sp. pl.* 1651. *Schaeffer fung. t.* 171. *Vaill. pariſ. T.* 7. *Fig.* 5. *Mich. gen. T.* 5. 6. 7. 9. 10. 11. *Scheuchz. itin. alp.* 1. *p.* 29. *T.* 3. *Fig.* 3.

Einfacher Keulenpilz.
Tab. 110.

Die braune faſrige Wurzel bringt zuweilen einen einzeln, zuweilen auch eine groſse Anzahl keulenlenförmiger Pilze hervor. Diese Art ändert sehr in der Grösse und Farbe ab, gewöhnlich ist sie zwey oder drey Zoll lang, von der Dicke einer Entenfeder, zuweilen ist sie weiss und geht durch allmählige Schattirungen ins Gelbe, und vom blassesten Gelb in tiefe gesättige Goldfarbene oder Orange über; sie ist von wachsartiger Substanz und brüchig. Die einzeln stehende Pflanze ist gewöhnlich einfach und an der Spitze stumpf, aber zuweilen ist sie auch zweispaltig oder gabelförmig, wie unsere Figur sagt.

Auf morastigen Boden, zwischen Moos, wo dieser Pilz gewöhnlich einzeln wächst, habe ich ihn vier oder fünf Zoll lang gesehn. Er ist um Halifax, an trockenen Dämmen und auf unfruchtbaren Triften sehr gemein. Die Botanisten haben nach dem verschiedenen Ansehn mehrere Arten fälschlich gemacht. Siehe *Hudson Flora anglica. p.* 638.

---

136. Clavaria gracilis; *clavata petiolata.*

Schlanker Keulenpilz.

Tab. III. fig. 1.

Es scheint beym ersten Blick eine Spielart der vorigen Art zu seyn, aber sie ist wesentlich verschieden, dass sie einen Strunk hat, in der Far-

Farbe und Gewebe abweicht. Der Strunk ist einen Zoll lang, weiss und wie bey andern Gattungsverwandten wachsartig. Die Keule hat einen halben Zoll Länge, ist glatt, durchsichtig, und etwas schmuziger als der Strunk. Das ganze Gewächs wird niemals grösser, als es abgebildet ist. Figur a, ist ein Pilz vergrössert, und b, einer durchschnitten.

Wächst in schattigen Gärten, an Stellen die kürzlich gedüngt sind. In Herrn Gaygill's Garten zu Sha, war diese Art sehr häufig, wo ich im October 1786 die hier abgebildet und beschriebene Exemplare sammlete.

---

137. Clavaria ophioglossoides; *clavata integerrima compressa obtusa Sp. pl.* 1652. *Schaeff. fung.* 1. 327. *Hudson angl.* 638. 3. *Relhan Flor.* 467. *n.* 974. *Lighfoot scot.* 1058. 4.

Schwarzer Keulenpilz.

Tab. III. fig. 2.

Er hat eine kleine harte Wurzel mit kurzen Fasern. Er ist zwey oder drey Zoll lang, nach der Wurzel hin verdünnt, am keulenförmigen Theil dicker, und an der Spitze stumpf zugerundet. In der Jugend ist [er innerhalb fest

unc

und auſſerhalb glatt, mit zunehmendem Alter wird er hohl, wie Figur a, nachher fängt er an zu vertrocknen und die Oberfläche wird zuſammengedrückt, gefurcht, oder runzlicht. Die Farbe iſt auſſerhalb zu allen Zeiten ſchwarz, innerhalb aber weiſs.

Er wächſt an mehren Stellen um Halifax auf feuchten Triften, zwiſchen Gras.

---

138. Clavaria gyrans; *ſtipite elongato capillari, clavula terminali ſubelongata cylindrica utrinque oblongata. Relhan Flor. app. alt. p. 29. n.* 1102.

Gedrehter Keulenpilz.

Tab. 112. fig. 1.

Er hängt mit der gekrümmten Baſis des Strunks ohne ſichtbare Faſern an kleinen Zweigen und Aeſten die auf feuchten Boden liegen und zu faulen anfangen. Der Strunk iſt von der Dicke eines Haars, mehr als einen halben Zoll lang, unter dem Auge gehalten, ſieht er ſchwarz aus, zwiſchen dem Lichte und dem Auge aber ſchön karmeſinroth, er ſteht aufrecht und iſt glatt, ſo lange das Gewächs im beſten Wachsthum iſt, nachher wenn er zu trocknen anfängt wird flach und gedreht, wie Figur a. Die Keule iſt weiſs, einen halben Zoll lang oben und unten ſtumpf. Figur b. b. iſt dieſes Gewächs in verſchiedenen Graden des Entwickelns vergröſsert vorgeſtellt.

Ich fand dieſe Exemplare den 22ten October 1788 an feuchten Stellen bey Lee-Beck eine halbe Meile von Halifax.

---

139. Clavaria faſtigiata; *ramis confertis ramoſiſſimis faſtigiatis obtuſis luteis. Sp. pl.* 1652. *Schaeff. fung. t.* 170. 172. 174. *Ray ſyn. T.* 24. *Fig.* 5.

Stumpfſpitziger Keulenpilz.

Tab 112. fig. 2.

Er wächſt einzeln oder in Büſcheln aus einer ſehr kleinen mit zahlenreichen wolligen Faſern beſetzte Wurzel. Die Aeſte ſind an der Baſis dünne, und nehmen nach oben hin an Dicke zu, und indem ſie aufwärts ſteigen theilen ſie ſich mehrmals in zahlreiche Aeſte, die alle an der Spitze abgeſtutzt und breit ſind, welche öfter mit einem kleinen Kreis längſt dem Rande umgeben ſind. Bisweilen iſt der Rand der Spitze gezähnelt oder eingekerbt. Gewöhnlich iſt die Farbe des ganzen Gewächſes gelb oder goldfarben, zuweilen ſieht man auch weiſse und rothe Abänderungen. Wächſt auf dürren Triften um Halifax.

Soll-

Sollte die Figur von *Vaillant parif. T.* 8. *F.* 4. die er Clavaria caralloides nennt, hieher gehören?

---

140. Clavaria coralloides; *ramis confertis ramofiffimis inaequalibus. Sp. pl.* 1652. *Schaeff. fung. t.* 175. 176. 177. 285. 288. *Tournef. inft. T.* 332. *Fig. B. Sterb. theat. T.* 11. *Fig. A. C. D.*

Corallenartiger Keulenpilz.

Tab. 113.

Von einer gemeinfchaftlichen braunen mit mehreren Fafern verfehenen Wurzel entftehn zahlreiche nach der Bafis zu ftärkere Aefte, die fich wiederholentlich mehrmals in unzählige Zweige theilen, die an der Spitze mit drey oder vier zahnförmige gleich lange Einfchnitte fich endigen. Das ganze Gewächs hat bisweilen die Gröfse von einem Kopf Blumenkohl.

Es ändert diefe Art fehr in der Farbe ab, fie ift weifs, purpurroth, gelb oder olivenfarbig. Die letzte Spielart ift in der Nachbarfchaft fehr gemein.

Wächft im October in verfchiedenen Wäldern um Halifax.

Lightfoot ſagt: „Er gilt für einen der be„ſten eſsbaren Pilze, und wird in Deutſchland un„ter dem Namen *Ziegenbart* gegeſſen.“

Der Figur c. abgebildete Pilz, wird als eine Spielart dieſes Gewächſes angeſehn; (Sieh. *Vaill. pariſ.*) aber was ich davon denke iſt unter Clavaria faſtigiata bemerkt.

---

141. CLAVARIA muſcoides; *ramis ramoſis inaequalibus luteis. Sp. pl.* 1654. *Schaeff. fung. t.* 173. *Sterb. fung. theat. T.* II *Fig. B. Ray. angl. T.* 24. *F.* 7. *Hudſon Angl.* 640. 8. *Relhan Flor.* 468. *n.* 977. *Lightfoot ſcot.* 1062. 9. *Bulliard. pl.* 264.

Gabelförmiger Keulenpilz.

Tab. 114.

Von einer braunen faſrigen Wurzel entſtehn entweder einzelne, wie Figur b. c. d; oder aus einer kleinen zuſammengezogenen Baſis ein Haufen oder Bündel; in beiden Fällen ſind die Aeſte faſt immer gabelförmig getheilt und endigen ſich auch in kleine Gabeln. Die gabelförmige Spitze iſt entweder von gleicher Länge, oder ungleich, oder auch zuweilen an ihren Urſprung entfernt und an der Spitze dicht zuſammenfaſſend. Das gan-

ganze Gewächs, was von einen bis vier ja auch fünf Zoll hoch wird, iſt friſch ſchön goldfarben, wird aber im Vergehen braun.

Wächſt im September und October auf kalten dürren Triften um Hallifax ſehr häufig.

Ich ſah ein geiles aufgeſtoſſenes Exemplar dieſer Art, daſs die Gröſse einer Mannsfauſt hatte, deſſen Aeſte aufgeſchwollen, kurz, und in einander verwickelt waren, aber aus einer Baſis entſtanden, die eine kleine Wurzel hatte.

---

142. Clavaria elegans; *ſubramoſa erecta alba.*

Schöner Keulenpilz.

Tab. 115.

Aus einer harten faſrigen Wurzel, wächſt dieſer Pilz zu einer Höhe von vier bis fünf Fuſs. Zuweilen iſt er ganz einfach, der quer gedreht mit Längenfurchen und alternirenden Strichen, er hat alsdenn eine ſchöne Keulenform, wie die Figur an der Seite zeigt. Zuweilen iſt er auf eine angenehme Art in Aeſte getheilt, die faſt das Anſehn einer Hand, einer Blume, eines Rennthierhorn u. dergl. m. haben. Alle dieſe Aeſte endigen ſich in eine runde Spitze.

In beiden Formen hat er frisch eine reine silberweisse Farbe, und hält man ihn gegen das Licht, so kommt seine Substanz und sein Gewebe dem feinsten Jungfern - Wachs nahe. Im Vergehen wird er blassbraun, verwelkt und verschwindet bald.

Er wächst im September häufig bey Fixby-Hall unter Tannen; ich habe ihn anderwärts nicht gefunden.

Geſchichte
der
um Halifax wachſenden Pilze.

Neunte Gattung
Boviſt.

---

143. Lycoperdon cervinum; *globoſum ſotidiuſculum lacerum, centro farinfero radice inſtructum Sp. pl.* 1653. *Hall. hiſt.* 219. 1. *Sterb. fung. T.* 32. *Fig. B. B. B. Lycoperdon ſpadiceum Schaeff. fung. t.* 188. *Dickſ. crypt. faſc.* 1. *p.* 25. *Mich. gen. T.* 99. *Fig.* 2. 3. 4. *Lycoperdon aurantium Buillard pl.* 270. *Vaill. pariſ. T.* 16. *Fig.* 5. 6. 7. 8.

Unterirdiſcher Boviſt.
Tab. 116.

Dieſer Boviſt erreicht znweilen unter der Erde eine beträchtliche Gröſse. Ich fand ihn bisweilen von der Grösse, wie Figur a, ohne Wurzel mit einzelnen Haarähnlichen Fasern auf der Oberfläche; dann hat er ausserhalb eine braune Farbe, ist rauh anzufühlen, oder auch wohl mit Warzen bedeckt. Man sieht ihn auch mit Furchen, die eine Art von Netz bilden, oder mit eckigen Warzen von unregelmässiger Gestalt, mit unter ist er glatt, wie a. c; dann pflegt er hart zu seyn, und dem stärksten Druck der Hand zu widerstehn. Die Rinde ist dick und innerhalb weiss. Der innere Raum ist milchfarben und von feinem Gewebe.

Wenn er über die Oberfläche der Erde kommt, lassen die Fasern loss, er bildet sich selbst eine Wurzel, wie Figur b. c. d, vergrössert sich, und die Figur der Rinde vergrössert sich nach Verhältniss; er nimmt alsdann an der Luft verschiedene Farben, ein gelbe, grüne, braune, rothe und andere an. Beym fernern Wachsthum geht die Milchfarbe ins Purpurne mit schönen schwarzen Netzadern über, und zulezt wird sie ganz ins Schwarze verwandelt. Ich habe ihn an verschiedenen Stellen in der Nachbarschaft mit allen diesen Veränderungen beobachtet.

Im glatten Zustand ist diese Art Lycoperdon spadiceum *Schaeffers*, wenn er mit Warzen bedeckt ist, Lycoperdon aurantium des *Bulliard* und *Vaill. T.* 16. *F.* 8.

Die Rinde dieses Bovistes bricht nie auf wie bey dem gemeinen, sie bekommt an verschiedenen

nen Stellen durch kleine Käfer, die ſich in groſser Anzahl von der innern Subſtanz nähren, Löcher. Wahrſcheinlich bringen dieſe Inſekten den Samen unter die Erde, um dieſe Art fortzupflanzen. Auf *Buillard's* Figuren kommt aus einem dieſer Löcher ein zarter Dampf von Samen.

---

144. Lycoperdon Boviſta; *ſubrotundum lacerato dehiſcens. Sp. pl.* 1656. *Schaeffer fung. t.* 184. 185. 186. 187. 189. 190. 191. 192. 193. 194. 195 *Morſiglii hiſt. fung. Carr. Fig* 1. 2. *mag. monſtroſa, Mich. gen. t.* 97. 98. *Vaill pariſ. T.* 16. *F.* 4. 8. 12. 15. 16. *Relhan Flor.* 469. *n.* 979. *Ligthf. Scot.* 1067. 2. *Hudſ. Angl.* 642. 4.

Gemeiner Boviſt.

Tab. 117.

Die Abänderungen dieſer Art ſind in der Gröſse, Geſtalt, Farbe und Oberfläche faſt ohne Zahl. Auf der beygefügten Kupfertafel habe ich ſolche ausgeſucht, die am erſten eine Idee von dem verſchiedenen Zuſtand dieſes Pilzes geben. Die achte darauf befindlichen Figuren ſind ſo vermiſcht und in einander übergehend wie ſie in der Natur vorkommen, um die endloſen Geſtalten auszudrücken; aber einer jeder Beſchreibung zu machen, halte ich für überflüſsig.

Schäffer in ſeiner Hiſtoria fungorum hat dieſer Art elf groſse Kupfertafeln, auf denen beynah funfzig ſchöne Figuren ſind eingeräumt. *Relhan, Hudſon, Lightfoot* u. a. haben ſorgfältig nur ſolche Spielarten angeführt, die dazu dienen ſie zu unterſcheiden.

Der beſte ſpecifiſche Unterſchied dieſes Pilzes iſt der, daſs er mit drey verſchiedenen Häuten bedeckt iſt. Die erſte iſt unzertrennlich von der Subſtanz der Pflanze; die zweyte iſt zähe, lederartig und dick; die dritte oder äuſsere iſt eine weiche Epidemis, die ſich leicht abreiben läſst, und eben dieſe Epidermis iſt es, welcher die Abarten in der Figur und Oberfläche ihr Daſeyn zu verdanken haben.

Obgleich dieſes gegebene Merkmal an dem vollwüchſigen noch in ſeinem beſten Wachsthum ſtehenden Boviſt zu finden iſt, ſo fällt doch dieſe Epidermis zuletzt ab, verſchwindet gänzlich, und läſst in der letzten Periode dieſes Gewächs ganz glatt zurück.

---

145. Lycoperdon globosum; *bivolvatum. primum album denique nigrum.*

Kugelförmiger Bovist.

Tab. 118.

Ich unterscheide diesen von dem vorhergehenden aus folgenden Gründen: dass er nur aus zwey Häuten besteht, die lederartige Dicke hängt am Marke fest, die weiche sammetartige Epidermis lösst sich ab, aber niemals werden sich auf der Oberfläche Schuppen bilden. Er ist beständig kugelrund, schneeweiss, in der Reife und beym Vergehen wird er schwarz, und wächst beständig auf Wiesen zwischen Gras, aber niemals in Wäldern oder in Gesellschaft des vorigen oder mit veränderter Form. An der auf unsere Platte aufgeschnittene Figur sieht man die Farbe des Marks, wenn der Bovist in seinem besten Wachsthum ist; nachher geht die sammetartige Epidermis ab, die innere lederartige zerreisst, bekommt eine weite Oeffnung, wie in der obern Figur, wird schwarz, bleibt einige Wochen in diesem Zustande, und ist mit einen feinen schwarzen Staube angefüllt.

In diesem Theil von Yorkshire ist er auf den Gefilden sehr gemein. Man kann ihn, wenn er jung ist, ohne Schaden essen, und er hat denselben Geschmack, wie der gemeine Champignon. Des Staubes was er enthält, bedient man sich hier bey frischen Wunden um das Blut zu stillen.

---

146. LYCOPERDON Epidendrum; *cortice farinaque purpurea. Sp. pl.* 1654. *Schaeff. fung. t.* 193. *Lycoperdon epiphyllum Huds. Angl.* 645. 14.

Rother Bovist.

Tab. 119. fig. 1.

Der hier abgebildete stand auf einem abgestorbenen Rasen von Bryum scoparium, der schon fast in Erde verwandelt war.

Er ist rund oder oval, etwas länglich oder an einer Seite zugespitzt. Die äussere Haut ist in der Jugend weich, und roth, im Alter fällt sie ab, und die innere graue etwas glänzende Haut kommt hervor. Die Wurzel besteht aus zwey bis drey wolligen Fasern, durch welche sie auf dem Fleck worauf sie steht, befestiget ist. Bey der Berührung, oder durch einen mäsigen Druck, kommt aus kleinen Oeffnungen auf verschiedenen Stellen der Oberfläche ein röthlicher zarter Staub hervor. Dieser Staub scheint unter einer starken Vergrösserung, runder Same zu seyn.

Wächst in den Wäldern um Halifax.

Geſchichte

der

um Halifax wachſenden Pilze.

Zehnte Gattung.

Kugelpilz.

* aus einfachen nakten Kugeln beſtehende.

147. Sphaeria Braſſicae; *difformis varii coloris, carne albo. Dickſon crypt. faſc.* 1. *p.* 23. *Murr. ſyſt.* 981. *Hall. hiſt.* 2178. *Gleichen ſuppl. t.* 6. *Relhan Flor. append.* 34. *n.* 1057.

Kohl Kugelpilz.

Tab. 119. fig. 2.

Er wächſt auf feuchte faulende Kohlblätter, die durch ihn in Schleim verwandelt werden; man fin-

findet ihn in jeder Falte, welche die Blätter machen, beſonders wenn davon mehrere übereinander liegen. Zuerſt iſt er weiſs, gallertartig, durchſichtig und nicht gröſser als ein Senfkorn, wie Figur a; dann geht er, wie die gröſsere Figur zeigt, allmählig ins Rothbraune über. Ganz ausgewachſen, kommt er an Gröſse einer Linſe gleich, und wird ganz ſchwarz; ſo wie er vergeht, wird er innerhalb hohl, wie Figur d. Die Wurzel iſt ein einfacher weiſser Faden.

Er iſt ſehr gemein um Halifax.

---

148. Sphaeria Mori; *ſimplex aggregata coccina minima. Dickſon crypt. faſc.* 1. *p.* 22. *Weigel. p.* 45. *T.* 2. *Fig.* 11. *Relhan Flor. append. alt. p.* 31. *n.* 1105.

Maulbeerförmiger Kugelpilz.

Tab. 120. Fig. 1.

Er ſitzt mit einer kleinen Baſis an der Rinde abgeſtorbener Ulmen, iſt hart und roth. Der einzelne Kugelpilz iſt nackend ohne alle Haut, nicht kugelrund ſondern kegelförmig, wie Figur f. zu ſehn iſt. Einen ſolchen Pilz auf verſchiedene Art geöfnet und vergröſsert, ſtellen Fig. d. e. f, ſo wie a. b. c, in natürlicher Gröſse vor. Im Anfang

fang iſt er goldfarben, nachher ſchön blutroth, und zuletzt im vergehn ganz ſchwarz.

Er findet ſich im Januar und Februar in groſser Menge um Halifax.

---

149. SPHAERIA glauca; *nuda, ſphaerulis turbinatis extus glaucis, intus albis. Lichen caerulea-nigricans Relhan Flor. p.* 424. *n.* 847.

Meergrüner Kugelpilz.

Tab. 120. fig. 2.

Er iſt gleich dem vorigen ohne Haut, kegelförmig, wie Figur b, auſſerhalb Meergrün, innerhalb weiſs, innerhalb iſt er wie alle andere Arten in der Jugend mit einer weiſsen Gallerte angefüllt, geöffnet ſieht man ihn vergröſsert Fig. d. e. f. Im Alter ſchrumpft die Spitze ein, wird ſchwarz und hohl wie Figur c. In dieſem Zuſtand hat der einzelne Kugelpilz das Anſehn eines Schüſſelchens (ſcutella) wer daher dieſes Gewächs lieber zu der Gattung Lichen bringen will, mag es thun.

Er wächſt zu Braham-Moor bey Leeds.

Lightfoot ſagt von ſeinen Lichen caeruleonigricans, daſs er aus zahlreichen ſchwarzen convexen

vexen Knötchen oder Warzen beſteht. Ich habe ihn geſehn, und mir ſcheints eine Abart ſeines Lichen atro - albus zu ſeyn. *Lightfoot* hat die Befruchtungsorgane dieſer Flechte nicht geſehn, ich fand ſie, es ſind röthliche vollkommene, Schüſſelchen (ſcutellae).

---

150. Sphaeria ſanguinea; *ſimplex ovata ſanguinea, apice perforata.*

Blutfarbener Kugelpilz.

Tab. 121. fig. 1.

Er wächſt in dichten Haufen auf faulen Holz, doch ſo, daſs nicht einer mit dem andern zuſammenhängt. Er iſt eyförmig, an der Baſis breiter, an der Spitze mit einem Loch durchbohrt, von der Gröſse des Mohnſamens. Die Figur zeigt ihn in ſolcher Geſtalt, wie auch vergröſsert ganz, perpendiculair und horizontal durchſchnitten. Auſſerhalb iſt er ſchön blutfarben, glänzend, wie ein polirter Korall, innerhalb hat er weiſsen Samen.

Ich fand ihn im Junius 1786 auf faulem Holze bey einer Quelle bey Elm-Cragg-Wall zu Bell-Bank und der Nähe von Bingley.

151.

115. Sphaeria viridis; *ſimplex globoſa viridis, cortice granulato, granulis fuſcis.*

Grüner Kugelpilz.

Tab. 121. fig. 2.

Dieſer iſt von der Gröſse eines weiſsen Senfkorns, friſch grün, trocken blaſsbraun, kugelförmig, und ſitzt mit einem kleinen Punkt an der Baſis, auf faulen abgefallenen Reiſern und Zweigen der Bäume feſt. Die Oberfläche iſt mit kleinen gleich weit abſtehenden braunen Wärzchen bedeckt; aber eine Oeffnung konnte ich nicht bemerken. In der Jugend iſt er mit einer weiſsen Gallerte angefüllt, die ſich bey ihm, wenn er ausgewachſen iſt, in ein trockenes Pulver verwandelt.

---

152. Sphaeria bombardica; *ſimplex globoſa nigra nitida. Sphaeria aggregata. Relhan Flor. 35. n. 1061. Lycoperdon nigrum. Lightfoot ſcot. 1069. T. 31. Fig. inf. Mich. gen. t. 54. ord. 37. Fig. 4.*

Angehäufter Kugelpilz.

Tab. 122. fig. 1.

Er beſteht aus ſchwarzglänzenden Kugeln, die ſo dicht beyſammen ſtehn, daſs ſie dem Schieſs-

 pulver

pulver nicht unähnlich ſehn, und daſs ich ſelbſt, da ich ſie zuerſt ſah, getäuſcht wurde. Ich fand ihn zuerſt am unterſten Theil des Stamms einer Eſche, den er ganz dicht bedeckte, doch aber iſt jede Kugel von der andern getrennt. Die Kugeln ſitzen gewöhnlich mit ihrer Baſis ſelten mit der Seite am Stamm feſte. Alt hat er ein Loch in der Mitte, und innerhalb iſt er weiſs.

---

* * zuſammengeſetzte.

153 Sphaeria depreſſa; *acaulis aggragata nigra nitida.*

Niedergedrückter Kugelpilz.

Tab. 122. fig 2.

Er iſt dunkelſchwarz glänzend, gewöhnlich länglicht, zuweilen auch unregelmäſsig, hart, mit ſchwarzen Kugelchen auf der Oberfläche beſetzt, die in die allgemeine Subſtanz eindringen, und der Auſsenſeite das Anſehn geben, als wäre ſie mit Warzen bedeckt. Die allgemeine Maſſe iſt feſt, hart, innerhalb ſchön weiſs und mit ſchwarzen glänzenden Kugelchen angefüllt.

Er unterſcheidet ſich von der Sphaeria tuberculoſa, daſs er ſchwarz, breiter, niedergedrückter, und innerhalb weiſs iſt, daſs die Kugelchen zahlreicher

reicher ſind, und daſs er auf der äuſsern und nicht der innern Rinde abgefallener Baumzweige wächſt.

---

154. Sphaeria tuberculoſa; *acaulis, tuberculata fuſca, ſphaerulis concoloribus. Lycoperdon nigrum Hudſon angl.* 644. *Dill. muſc. T.* 18. *Fig.* 7. *Mich. gen. t.* 54. *ord.* 11. *f.* 2. *Hall. hiſt.* 2184.

Warziger Kugelpilz.

Tab. 123. Fig. 1.

Dieſer iſt beſtändig ſowohl innerhalb als auſserhalb braun, ſo groſs als eine Linſe, ſehr hervorſtehend, auf abgeſtorbenen Haſelnuſs-Zweigen. Er entſteht auf dem Baſte, hebt die Rinde welche zerreiſst auf, und wächſt ſo hervor. Die Kugelchen ſtehn gleich weit entfernt in einer Reihe der allgemeinen Maſſe, wie die verſchiedentlich aufgeſchnittene vergröſserte Figuren zeigen.

Er iſt in den Wäldern und Hecken um Halifax gemein.

---

155. Sphaeria rugoſa; *acaulis aggregata globoſa cinerea rugoſa magna.*

Runzlicher Kugelpilz.

Tab. 123. fig. 2.

Er hat ein viertel bis halben Zoll im Durchmeſſer, iſt mit einer aſchgrauen braunen Rinde bedeckt, rauch anzufühlen, was von kleinen Wärzchen womit er bedeckt iſt, herrührt. Uebrigens iſt er hart und feſt, wie trocken Holz, innerhalb braun, und mit ſo kleinen Kügelchen oder Samenbehältniſſen verſehn, daſs ſie das unbewaffnete Auge nicht bemerkt. An der obern vergröſserten Figur kann man ſie ſehn.

Ich halte dieſe Art, welche ich zu Southowram bey Halifax auf abgeſtorbenen und abgefallenen Ulmenzweigen fand, für ſehr verſchieden von der vorhergehenden.

---

156. Sphaeria ſulcata; *acaulis aggregata oblonga ſulcata. Lichen ſcriptus var. B. Lightfoot ſcot. p.* 801.

Gefurchter Kugelpilz.

Tab. 124.

Dieſer iſt ein kleiner ſchwarzer Knoll von der Gröſse einer Floh, er iſt hervorragend, und hat

hat von einem Ende zum andern eine tiefe Furche, wodurch er in zwey Theile geſpalten iſt. Figur a, iſt er in natürlicher Gröſse; b, vergröſsert; c, horizontal durchſchnitten, wo die ſchwarzen Punkte die Kügelchen oder Samenbehältniſſe zeigen; d, vertical durchſchnitten und auch vergröſsert vorgeſtellt. Unter einer doppelt ſo ſtarken Vergröſserung, ſieht er wie eine geſchloſſene zweyſchalige Muſchel, die man von vorne betrachtet, aus.

Wächſt an verſchiedenen Orten um Halifax auf todten Aeſten der Eſchen.

Vielleicht gehört Lichen ſcriptus und hebraicus zu derſelben Gattung, ich habe noch nicht zulängliche Beobachtungen darüber angeſtellt, ſo wenig wie ich weiſs, welche von dieſen beyden eine Spielart des obigen Gewächſes iſt.

---

157. Sphaeria obducta; *acaulis aggregata ſubtomentoſa. An Sphaeria tomentoſa Relhan Flor. app. alt. p.* 31. *n.* 1107.

Bedeckter Kugelpilz.

Tab. 125.

Er iſt ſo groſs als ein ſchwarzes Senfkorn, und ſitzt auf dem Baſte abgeſtorbener Zweige feſt,

feſt, von wo aus er ſich durch die Rinde einen Weg bahnt. In der Jugend iſt er mit einer wolligen mattweiſsen Haut bedeckt, die aber nachher abfällt und ihn nackt und glänzend ſchwarz zurückläſst

Figur a, ſieht man ihn in natürlicher Gröſse; b und c, vergröſsert, um die Art zu ſehn wie er wächſt; d, ſieht man ihn ganz von aller Rinde entblöſst, und e, durchſchnitten mit den Samenbehältniſſen. Von den Kügelchen oder Samenbehältniſſen zeigen ſich beym Oeffnen einige mit blaſser Gallert, andere mit ſchwarzen Pulver angefüllt, und einige ſcheinen ſogar leer zu ſeyn.

Ich fand ihn im Februar 1789 zu Bradley Wood bey Elland auf allen Arten abgefallener Zweige ſehr häufig.

---

158. Sphaeria pertuſa; *aggregata ſubcompoſita irregularis perforata vireſcens. Weigel. obſ. bot. p. 46. n. 9. T. 2. Fig. 15. Weber ſpicil. goett. p. 282. n 298. Lichen pertuſus Lin. Mant. pl. An. 1767. n. 131. n. 82. Dillen muſc. T. 18. Fig. 9. Mich. gen. t. 52. ord. 32. H. I. K. L. M. Relhan Flor. 421 n. 838. Hudſ. Angl. 525. 11. Lightfoot ſcot. 802. 5. Sphaeria pertuſa Hagen hiſt. Lich. Pruſſ. p. 49.*

Durchlöcherter Kugelpilz.

Tab. 126.

Dieſer wächſt an der Rinde der Eſchen in Klumpen von verſchiedener Figur, und iſt nach ſeinem Alter einen Zoll oder einen Fuſs im Durchmeſſer. In der Jugend und friſch, iſt er grünlich grau; im Alter und trocken, aber blaſs ſchmuzig grau. Er beſteht aus zahlreich dicht an einander gedrängten Sphärien, von denen die gröſste den Mittelpunkt einnimmt, und die an den Seiten befindlichen nach oben und unten zu immer kleiner werden je näher ſie dem Rande kommen. Eine ſolche Sphärie enthält zwey bis ſechs Kügelchen oder Samenbehältniſſe, die Anfangs eine weiſse Gallerte, und nachher ſchwarzen Samen enthalten; zuletzt ſtreuen ſie den Samen aus, und bleiben einige Monate als offene Löcher ſtehn.

Figur a, ein ganzer Haufen in natürlicher Grösse auf der Rinde; b, einige vergrössert; c, einen einzelnen vergrössert; e, ein horizontal; d, ein vertical durchschnittener vergrösserter Pilz.

Wächst an der Rinde gesunder Eschenbäume häufig um Halifax.

---

159. SPHAERIA miniata; *acaulis subglobosa solitaria glabra. Tremella purpurea. Sp. pl.* 1628. *Dill. musc. T.* 18. *Fig.* 2. *Mich. gen. T.* 95. *Fig.* 3. *Sphaeria convexa miniata hirsuta. Hall. hist.* 2189.

Mennigfarbener Kugelpilz.

Tab. 127. f. 1.

Er ist von der Grösse eines weissen Senfkorns, kugelrund, roth, anfangs glatt, hart und fest, wenn er aber älter wird löst sich seine dünne Haut ab, unter welcher zuweilen die kleinen Kügelchen zu finden seyn mögen, wenn die Haut weg ist, bleibt er noch einige Zeit mit rauher Oberfläche. Figur a. und b, ist er in natürlicher Grösse, ausserdem aber unter zweyerley Vergrösserungen nach verschiedener Richtung durchschnitten vorgestellt. Er ist um Halifax sehr gemein auf todten Zweigen.

*** geſtielte.

160. Sphaeria truncata; *nivea plana, punctis nigricantibus. Hall. hiſt.* 2184. *Peziza turbinata truncata diſco punctata. Lin. Sp. Pl.* 1650. *Relhan Flor.* 464. *n.* 964. *Hudſ. Angl.* 634. 4. *Lightfoot ſcot.* 1050. 4.

Abgeſtutzter Kugelpilz.

Tab. 127. fig. 2.

Dieſer Kugelpilz iſt trichterförmig, oben abgeſtutzt, weiſs und ſchwarz punktirt. Der Strunk iſt ſchwarz, innerhalb weiſs, und in den ſchwarzen Punkten der Oberfläche ſtecken Samenbehältniſſe. Ein vergröſsert durchſchnittener, Figur a, zeigt die Lage der Samenbehältniſſe, und Fig. b, eine ſtärkere Vergröſserung, wie der Same ausgeſtreut wird. Von Subſtanz iſt er trocken, zähe und elaſtiſch.

Er wächſt im Winter und Frühjahr auf trokkenen Miſthaufen.

161. SPHAERIA militaris; *clavata integerrima rubra, capite tuberculato. Clavaria militaris. Sp. pl.* 1652. *Clavaria indivisa flavescens plicata. Var. B. Hall. hist.* 2024. *Hudf. Angl.* 634. 2.

Keulenförmiger Kugelpilz.

Tab. 128.

Die Farbe der Keule ist schön orange, die darinn steckenden Samenbehältnisse sind kleiner, und ragen über die Oberfläche hervor. In der Jugend sind diese Samenbehältnisse mit einer weissen Gallerte angefüllt, welche nachher in trockenes Pulver verwandelt wird, und welches durch eine kleine Oeffnung auf der Oberfläche herauskommt. Innerhalb ist die Keule und der Strunk weich, schwammig, goldfarben, und leicht in Fäden zu theilen.

Die Wurzel ist ein harter Knoll an der Basis des Strunks, und mit braunen Fasern besetzt.

Wächst selten in der Nachbarschaft an schattigen Oertern in Gartenerde.

162. Sphaeria digitata; *ſubramoſa, apicibus albidis, baſi nigris hirſutis. Clavaria digitata. Sp. pl.* 1652. *vel Clavaria Hypoxylon. Sp. pl.* 1652. *Hudſon Angl.* 639. *Schaeff. fung. t.* 328. *var. Ligthfoot ſcot.* 1058. 1059. 5. 6. *Sphaeria digitata. Relhan Flor.* 437. 988. *et ibidem* 989.

Gefingerter Kugelpilz.

Tab. 129.

Dieſe Art dauert vom Entſtehn bis zum Vergehn über ein Jahr und länger. Im September und October wachſen Sprösſlinge hervor, die auſſerhalb mit einem weiſsen mehligen Staub bedeckt ſind; ſie haben eine verſchiedene Geſtalt, entweder ſind ſie einfach und flach, oder verlängern ſich und ſtehn Büſchelweiſe, wie Figur a; oder ſie ſind auch einfach oder gabelförmig, fünf Zoll lang, an der Spitze ſtumpf, aber durchaus gleich dick, wie Fig. d; bisweilen ſind ſie zwey bis drey Zoll lang, an der Spitze flach, handförmig getheilt, fingerförmig, dreytheilig oder gabelförmig. In jede dieſer Wachsthumsperiode ſind ſie nach der Spitze zu mit dem erwähnten weiſsen Staube bedeckt, was vom October bis zum März dauert. Man kann aber um die Zeit keine Samenbehältniſse entdecken. In dieſem Zuſtand iſt es die Clavaria Hypoxylon der Botaniſten.

Im

Im April und May verwandelt ſich der weiſſe Staub ins Graue und verſchwindet, die äuſſerſten Spitzen verwelken nun und vergehn gänzlich. Zu dieſer Zeit bis in die Mitte des Sommers, bilden ſich die Kügelchen oder Samenbehältniſſe, liegen unter der Oberfläche und gleichen kleinen Warzen, wie Fig. e. f. g. Ein ſolcher Pilz iſt ſchief, Fig. h, durchſchnitten, um die ſchwarzen Kügelchen zu bemerken, die in der zähen, trockenen, weiſſen, elaſtiſchen Subſtanz ſtecken In dieſem Zuſtand iſt es die Clavaria digitata der Floriſten, welche nur ihren Samen ausſtreut und verſchwindet.

In den beyden genannten Perioden iſt dieſe Art nach der Baſis zu mit ſteifen ſchwarzen Haren bedeckt. An der Wurzel finden ſie ſich bisweilen zwiſchen der Rinde und dem Holze, wie Figur c.

Ich habe dies Gewächs nach und nach in einem Jahre in allen dieſen Perioden beobachtet. Sollte der weiſſe Staub wohl die nämliche Blüte ſeyn?

163. Sphaeria agariciformis; *stipitata, stipite flavo cylindrico, pileo ovato castaneo punctato subgeminato, radice tuberosa bivolvata interne nigra. Fl. dan. fasc. 9. p. 8. t. 540.*

Blätterpilzartiger Kugelpilz.

Tab 130.

Von diesem sonderbaren sehr seltenen Pilz fand ich am 15ten October 1786 fünf einzelne Stücke, die ich hier abgebildet habe. Ich brachte diese mit andern Pilzen in einer kleinen Schachtel zu Hause, und öffnete sie erst den folgenden Morgen. Beym Oeffnen sah ich, dass der Hut auf seiner ganzen Fläche, aus allen Poren einen gallertartigen Tropfen ausgeschwitzt hatte. Ich setzte sie an meinem Fenster dem Sonnenlichte aus, und nach Verlauf einer Stunde waren die gallertartigen Tropfen trocken und in ein weisses Pulver verwandelt, was sich auf ein Stück blau Papier, worauf der Pilz lag, ausgestreut hatte.

Am 28ten October 1787 sah ich wieder einen solchen Pilz, den ich Figur a. b. c, abgebildet habe. Dieser verhielt sich nicht so, er lag bey mir einen ganzen Tag ohne gallertartige Tropfen von sich zu geben; aber den folgenden Tag that ich ihn in reinen Weingeist, augenblicklich fieng er an die Gallerte von sich zu geben, und in wenig Tagen zog er sich sehr zusammen; nachher färbte die schwarze Substanz unterhalb den Weingeist, der ganz schwarz davon wurde und er war um den vierten Theil kleiner geworden.

Beym durchschneiden des Huts sieht man die Kügelchen oder besser die eyförmigen Samenbehältniss, denn sie sind oval, wie Figur e. Ein kleiner Theil dessen sehr stark vergrössert ist Figur k, o, vorgestellt, woran man auch die Oeffnungen sehn kann, von denen jede zu einem Samenbehältnisse geht.

Die Wurzel ist schwarz, schwammig, mit einer dicken Wulst umgeben, welche von derselben Substanz ist und eine Fortsetzung des Strunks ausmacht. Diese Wulst ist von einer andern trocknen hökrigen braungrünen umgeben. Die äussere Wulst hängt mit der innern zusammen und hat wenige Wurzelfasern.

Der Strunk ist in der Jugend fest und glatt, im Alter wird er hohl, furchigt und gedreht. In beyden Graden der Entwickelung ist er weich, biegsam, und läst sich in glänzend gelbe Fasern spalten. Zuletzt wird er schwarz und fault.

Wächst zu Ramsden - Wood bey Highfield in der Nähe von Halifax.

164.

* * * * blättrige.

164. Sphaeria ſoliacca; *umbilicata punctata ſupra ſubviridis, infra fulva. Lichen miniatus. Sp. pl.* 1617. *Dill muſc. T.* 30. *Fig.* 127. 128. *Mich. gen. t.* 54. *ord.* 36. *f.* 1 2. *C. D. E. F. Flora danica T.* 532. *Fig.* 2. *Hudſon Angl.* 549. *n.* 79. *Lightfoot ſcot. p.* 857. *n.* 66.

Blättriger Kugelpilz.

Tab 131.

Dieſe Art breitet ſich von einer Central-Wurzel, oder nabelförmigen Borſte, in verſchiedene harte, zähe, lederartigen Blätter, von verſchiedener Gröſse, Geſtalt und Farbe, aus. Wenn man ihn auf einem Felſen an einer niedrigen, feuchten und ſchattigen Lage findet, ſo dehnt er ſich zu einer anſehnlichen Breite aus, der Rand wird gelappt, kraus, zerriſſen, und auf ihn wachſen kleinere. Wird er in Waſſer geworfen, ſo erhält er eine geſättigt dunkelgrüne Farbe auf der Oberſeite, auf der untern Seite wird er aber rothbraun, wie Figur a. Getrocknet iſt er braungrau, die Rand-Lappen rollen zuſammen, und die Unterſeite behält unverändert ihre Farbe, wie Figur c.

An trocknen der Sonne und Luft ausgeſetzten Felſen hat er kleinere Blätter, iſt dick, hart, dun-

dunkel olivenfarbig, und mehrere wachſen übereinander, wie Figur b. Bey allen dieſen Veränderungen zeigt die Oberfläche zahlreiche Poren, wie ein etwas vergröſsertes Stückchen Figur d, ſehn läſst. Dieſe Poren ſind Vertiefungen für die Samenbehältniſse, welche unter der Blattſubſtanz liegen. Die Samenbehältniſse ſind kugelförmig ſchön glänzend orangefarben. und in der Jugend mit einer blaſsen Gallerte angefüllt. Die innere Subſtanz des Blatts iſt ſchön grün. Figur e, ein Stück der Art vergröſsert, um die Samenbehältniſse zu ſehn.

Wächſt auf Kalkfelſen bey Craven.

Ge-

Geschichte

der

um Halifax wachsenden Pilze.

Elfte Gattung

Schimmel.

165. MUCOR Mucedo; *capsula globosa. Sp. pl.* 1655. *Mich. gen. T.* 95. *F.* 1. *Flora danica T.* 467. *Fig.* 4. *Hudf. angl.* 646.

Grauer Schimmel.

Tab. 132. fig. 1.

Er besteht aus einem einfachen Faden, der mit einer kleinen grauen Kugel gekrönt ist. Erst ist die Kugel weiſs, durchſichtig, nachher wird ſie grau und dunkel, zuletzt platzt ſie auf, gleich einem Boviſt, und ſtreut zahlreichen Samen aus.

Er wächſt auf faulen Früchten u. ſ. w. Er iſt in verſchiednen Perioden der Entwickelung vergröſsert vorgeſtellt.

---

166. Mucor caeſpitoſus; *ſtipite ramoſo, ſpicis ternis. Sp. pl.* 1656. *Hudſ. angl.* 647. *Mich. gen. T.* 91. *Fig.* 3. 4.

Raſenbildender Schimmel.

Tab. 132. fig. 2.

Dieſer wächſt in Wälder auf faulenden Pflanzen. Er beſteht aus dreytheiligen Faden, die einer kleinen Schnur nicht unähnlich ſind, er iſt weiſs, durchſichtig, klein, halsbandförmig; wenn er reif iſt platzt er auf und ſtreut ſeinen ovalen Samen aus. Er iſt auch vergröſsert vorgeſtellt.

167.

167. Mucor botrytes; *racemosus. Botrytes spicata grisea, seminibus rotundis. Mich. gen. p. 212. T. 91. F. 4.*

Traubenblütiger Schimmel.

Tab. 132. fig. 3.

Es ist ein mehrmals unregelmäſsig getheilter Faden, der an seiner Spitze dichte Trauben kleiner Samenkapseln hat. Er wächst zwischen den Lappen des faulenden Boletus versicolor, und ist gleichfalls vergröſsert abgebildet.

---

168. Mucor roridus; *stipitatus fugax, stipite capillaceo, capitulo sphaerico rorido, nigro punctulo in summitate notato. Relhan Flor. app. planta ultim. Pluk T. 116. F. 7. Ray synop. p. 13. n. 13.*

Eyförmiger Schimmel.

Tab. 132. Fig. 4.

Er wächst in dichten Haufen und besteht aus einem einfachen durchsichtigen vier Linien langen Faden. Er ist durchsichtig weiſs, trägt einen kleinen kugelförmigen Hut, der wie ein

Thautropfen ausſieht, und welcher an der Spitze einen ſchwarzen Fleck hat, der ihn im Kleinen das Anſehn eines Eyes giebt.

Er findet ſich auf den Feldern um Halifax, im Auguſt und September auf Pferdemiſt; des Morgens iſt er ausgewachſen und wenn die Sonne darauf ſcheint vergeht er.

---

169. Mucor urceolatus; *ſtipitatus fugax, ſtipite ſuperne ventricoſo pellucido rorido, capitulo ſubrotundo elaſtico nigro. Dickſon crypt. faſc.* 1. *p.* 25. *T.* 3. *F.* 1. *Hydrogera cryſtallina Wiggers primit. Fl. Holſ. p.* 100. *Relhan Fl. app.* 35. *n.* 1062.

Keulſtieliger Schimmel.

Tab. 133. fig. 1.

Er iſt zwey Linien hoch; der Strunk iſt ſchmuzig gelblich, an der Baſis verdünnt, nach oben

oben verdünnt und giebt ihm das Anſehn einer länglichen Urne. Der obere Theil iſt durchſichtig, und ſieht wie gefallener Thau aus. Der Hut iſt kugelförmig, zuweilen niedergedrückt, oder auch zuſammengedrückt; er iſt dunkel olivengrün mit einer Haut bedeckt, die aufbricht, nachher wird er grün und bekommt ein wolliges Anſehn. Die Samen hängen an Fäden. Figur a, der Hut ohne Haut; b, mit der Haut bedeckt; c, der ganze Pilz durchſchnitten, alles dieſes iſt ſchwach vergröſsert. Figur d. iſt er ſtark vergröſsert und b, in natürlicher Gröſse.

Ich fand ihn im October 1784 auf Pferde und Kuhmiſt, nur des Morgens.

---

170. Mucor Lycogala; *ſesſilis, ſubalbidus magnus, pulvere fuſco. Lycogala griſeum majus Mich. gen. T. 95. Fig. 1. Schaeff. fung. t.* 195.

Gallertartiger Schimmel.

Tab. 133. fig. 1.

Unreif iſt er eine ſteife braune Gallerte, die in einer Haut eingeſchloſſen iſt, und ſitzt ohne Wurzel an faulem Holze. Mehr ausgewachſen wird er convex kugelförmig, aber an der Baſis zuſammengedrückt. Die Haut wird feſter trockner, und weiſs, ſcheint glatt zu ſeyn, läſst ſich aber ſehr ſcharf anfühlen. Völlig ausgewachſen, bricht er in unregelmäſsige Löcher, und ſtreut einen braunen an Fäden hängenden Samen aus.

Figur a. derſelbe jung, b. völlig ausgewachſen, c. durchſchnitten, d. der Same.

Er wuchs den 21ſten April 1788 im Brauhauſe zu Halifax an einer Stange über der Pfanne worinn die Würze gekocht wird.

171. Mucor ſepticus; *unctuoſus flavus Sp. pl.* 1656. *Schaeff. fung. t.* 194. *Mich. gen. T.* 96. *Fig.* 2. *Flor. dan.* 778. *Relhan. Flor. p.* 475. *n.* 994. *Hall. hiſt.* 2133. *Hudſon angl.* 647. *Lightfoot ſcot.* 1073.

Faulender Schimmel.

Tab. 134.

Man findet ihn in Flecken von verſchiedener Geſtalt und Gröſse, zuweilen von der Gröſse einer Mannshand, von ungleicher Oberfläche, am Rand hier und da ausgetrieben mit unebenen und ungleich langen Lappen. Ich habe kleine weiſse längliche Stücke geſehn, wie ſie die obere Figur zeigt. Dieſe glaube ich, ſind der Schimmel in ſeinem erſten Zeitalter, nachher wird er gelb oder goldfarben. Sowohl weiſs als gelb iſt er ſchaumartig, wie Hefen, und beym Berühren zerflieſst er in eine rahm- oder ſchaumartigen Maſſe. In der Zeit eines oder zween Tage verwandelt er ſich in ein ruſsiges Pulver, was mit kugelförmigen Samen angefüllt iſt, die an ſchwarzen wolligen elaſtiſchen Fäden hängen.

Er wächst in Wäldern an der Erde auf Gras oder andern Kräutern, und man sieht ihn nicht für ein Gewächs an, sondern für eine zufällig dahin gekommne Materie. Diese Exemplare wuchsen den 3ten August 1782 zu Woodhouse Wood bey Halifax auf vertrocknetem Grase, und in an der Erde liegenden verwickelten trocknen Aesten der Heckenrose.

Anhang

von ſolchen Pilzen

die

nach der Herausgabe

der

erſten Theile

entdeckt ſind.

172. AGARICUS velutipes; *stipitatus fasciculatus, pileo planiusculo fulvo, stipite nudo tenerrimo villoso fuliginoso. Relhan Flor. No.* 942. 456. *Vaill. paris. T.* 12. *Fig.* 8 9.

Sammetstrunkiger Blätterpilz.

Tab. 135.

Die Wurzel ist schwarz, hart, mit wenigen schwarzen Fasern und trägt mehrere Pilze.

Der Strunk ist fest, dicht, von der Dicke einer Schwansfeder, öfter gebogen, zwey Zoll lang, innerhalb weiss, ausserhalb dunkel chocoladenbraun ins Schwarze fallend, und mit sehr kleiner sammetartigen Wolle überzogen.

Die Blätter stehn in drey Reihen, sind wenig an der Zahl, sehr breit und lang, durchsichtig, zähe und gelb. Die der ersten Reihe hängen nicht am Strunk, sind aber an der Basis abgerundet.

Der Hut ist küssenförmig, sein Rand abwärts gebogen und scharf. Die Farbe ist in der Mitte des Huts gesättigt orangebraun, was sich ins dunkele goldfarbene nach dem Rande zu verliert. Im Vergehn wird er schwarz und lösset sich auf.

Die

Die hier abgebildeten Exemplare fand ich im Februar 1789 zu Southowram an den Stämmen umgehauener Bäume.

---

173. Agaricus fuſco-pallidus; *ex uno pede multiplex, pileo deſuper ex ſpadiceo flaveſcente. Mich. gen. T.* 81. *Fig.* 2.

Braunbleicher Blätterpilz.

Tab. 136.

Die Wurzel iſt aufgetrieben, ſchwammig, wäſserig graubraun auſſerhalb, innerhalb aber weiſs, ſie bringt gewöhnlich mehrere Pilze hervor, und hat einige braune haarförmige Faſern.

Der Strunk iſt fünf Zoll lang, auſserhalb blaſs bräunlich grau; beſteht aus einer eine halbe Linie ſtarken Rinde, die mit einer rein weiſsen wolligt - faſrigen ſchwammigen Materie angefüllt iſt. Unten iſt er am ſtärkſten und nimmt nach oben zu allmählig ab.

Die Samenhaut iſt weich, weiſs, wolligt und verſchwindet ſogleich; der dicke weiche Ring bleibt aber bis der Strunk vergeht.

Die Blätter ſtehn in drey Reihen, ſind ſchmal, gebogen, dünne, biegſam und weiſs.

Der

Der Hut iſt in der Jugend convex, nachher mehr flach, weich auf der Oberfläche, an einigem jungen mit wenigen kleinen Schuppen an der Spitze; der Rand iſt abwärts gebogen; ſeine Farbe blaſs ſchmuzig braun, das Fleiſch weiſs, weich und ſchwammig.

Wächſt ſelten in den Wäldern um Halifax.

---

174. Agaricus atro-albus; *ſtipitatus, pileo margine albido, apicibus nigris, ſtipite fiſtuloſo baſi plumoſo.*

Schwarzweiſser Blätterpilz.

Tab. 137.

Das erſte Erſcheinen dieſes Pilzes iſt ein kleiner federartiger Ball von leichter und ſehr zarten Subſtanz, der braune Wurzeln hat. Vom Mittelpunkt dieſes Federballs entſpringt der Hut und der Strunk, der letztere wird bis zu ſeinem Vergehn von dem Ball umgeben.

Der Strunk iſt röhrenförmig, rund, glatt, anfangs ſchwärzlich, nachher allmählig heller, zuletzt ausgewachſen weiſs. Er iſt drey Zoll lang, und läſst ſich leicht in Fäden theilen.

Die

Die Blätter stehn in drey Reihen, die der dritten Reihe sind öfter sehr klein, oder fehlen auch wohl; sie sind alle weiss, biegsam, gebogen und die der ersten Reihe verliehren sich mit einer schmalen Spitze in die Spitze des Huts.

Der Hut hat erst eine längliche Gestalt, zuletzt wird er glockenförmig. Im Anfang ist er schwarz mit einem weissen Rande, so wie er sich mehr entwickelt, dehnt sich das Weisse des Randes immer weiter aus, und zuletzt bleibt nur noch der Mittelpunkt schwarz.

Wächst in den Wäldern unter Bäumen zwischen Moos, aber doch selten um Halifax.

---

175. Boletus rangiferinus; *Agaricus ramosus cornu rangiferi referens. Blacks. Spec. Bot. p. 2. t. 1. Clavaria Hypoxylon var. B. Hudson angl.* 639.

Rennthierhörniger Löcherpilz.

Tab. 138.

Die Basis oder das Fussgestelle besteht aus braunen schwammigen an einander hängenden Knollen von der Grösse einer Haselnuss, und bilden

den eine knotige unebene Oberfläche; die Unterſeite der Baſis iſt da, wo ſie auf dem Holze ſitzt, glatt und etwas hohl. Der Hauptſtrunk der Baſis iſt rundlich mit einer ähnlichen Hervorragung an der einen Seite, die mit einer kurzen Verlängerung feſt hängt, und eine hornartige aufwärts ſteigende Spitze von rußiger Farbe, wie das Gewächs, zum Vorſchein bringt.

Vom Mittelpunkt aus geht aus dem Boden der Hauptſtrunk, der an der Baſis ein kurzes aufwärts gebogenes Horn hat, ſich dann in zwey Aeſte theilt die ſich etwas entfernen, aber oben wieder zuſammentreffen. Dieſe Aeſte ſind fingerartig getheilt und an den Spitzen blaſs Ochergelb. Der höchſte dieſer Aeſte hat an der Spitze ein Zoll langes flaches Horn, das oberhalb gelb iſt. Drey Zoll höher dehnt ſich dieſes Horn in Geſtalt der Scheide der Calla aethiopica breit in einen Hut aus, deſſen Rand umgerollt und wellenförmig eingeſchnitten iſt. Auf der Oberfläche iſt in der Mitte eine Linie, und die Haut iſt runzlicht hart und trocken; auf der Unterſeite iſt er rundlicht, am Rande blaſs Ochergelb mit vielen eckigen Löchern, welche keine Röhren bilden, dicht beſetzt, die in einer ſchiefen Richtung gehn, eingeſchnitten ſind und deren unterer Theil cylindriſch iſt. Dieſe Löcher ſind in der Mitte am gröſsten nehmen nach dem Rande zu ab, und laufen noch an einem Theil des Strunks hinab. Der ganze Hut iſt blaſsgelb, ausgenommen eini-

einige dunkle Flecke auf der Oberfläche. Fig. a, sieht man ihn von hinten, und b, von vorne.

Bey diesem Strunk entspringen noch drey andere, von denen der innere fast aufrecht, die beiden äussern aber erst horizontal und dann allmählig aufwärts steigen. Der erste dieser Strunke theilt sich in vier oder fünf weisse Finger, der andere macht Aeste aus der Seite, und hat oben einen rundlichen, gelb gefleckten, schwammigen Klumpen, der auf der Figur nur im Profil zu sehn ist; der äusserste Strunk ist der kleinste und hat sieben weisse Finger.

Die Farbe der Rinde ist dunkelbraun russig, die Oberfläche hat Furchen der Länge nach und netzförmige Runzeln; die innere Substanz ist weiss, trocken und elastisch. Frisch war dieser Pilz vierzehn Zoll lang, die Figur hier ist bis auf sechs Zoll verkleinert. Ich erhielt diesen Pilz im Jahre 1788 vom Herrn Thorsby zu Leeds, der ihn im Keller auf einem alten Stücke Holz gefunden hat.

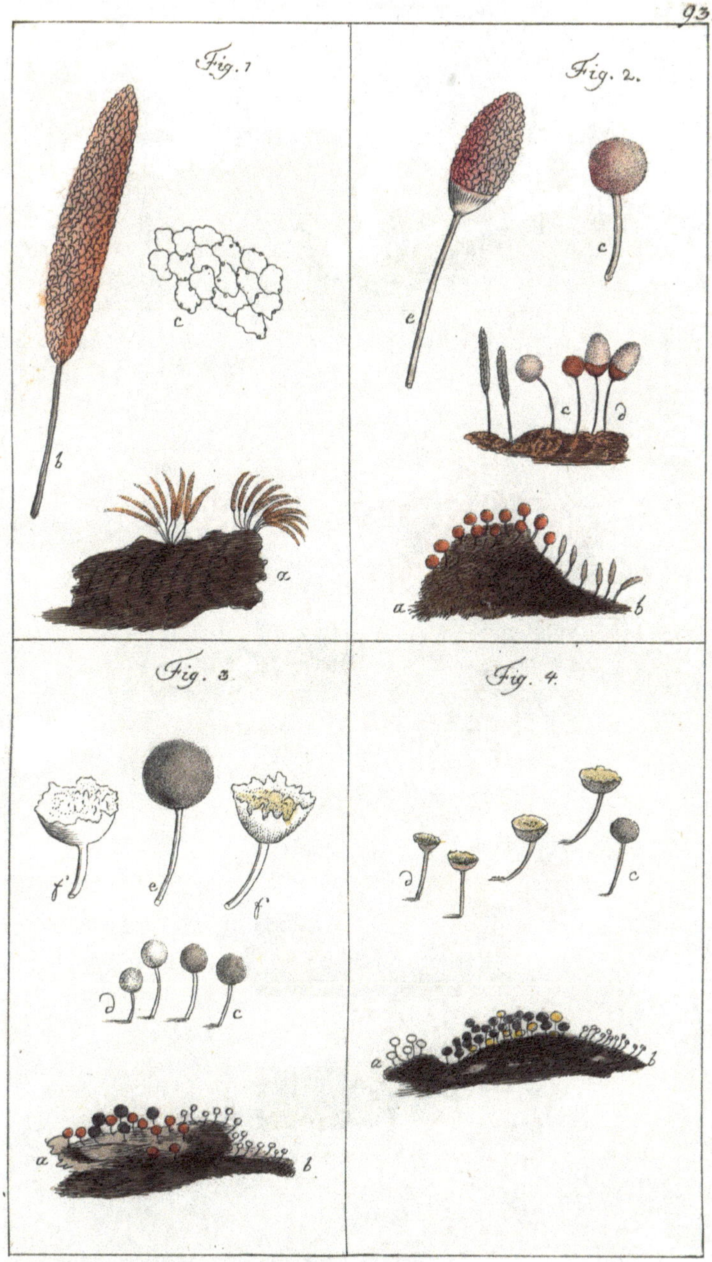
Fig. 1
Fig. 2.
Fig. 3.
Fig. 4.

Fig. 1

Fig. 2.

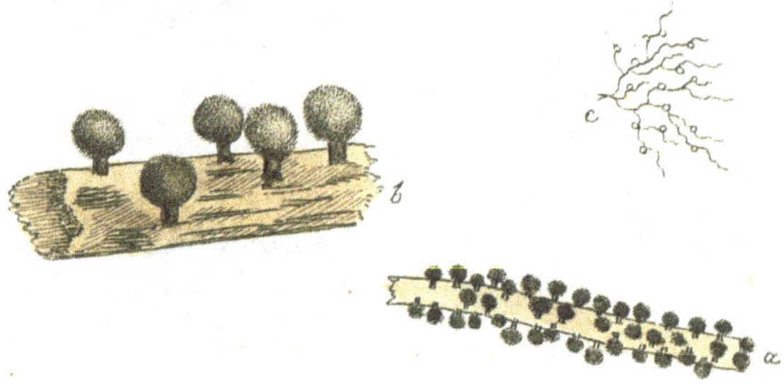

Fig. 3.

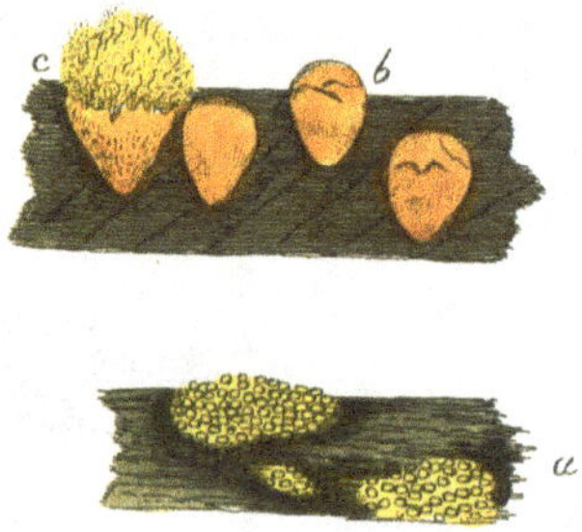

69

a

Fig. 1.

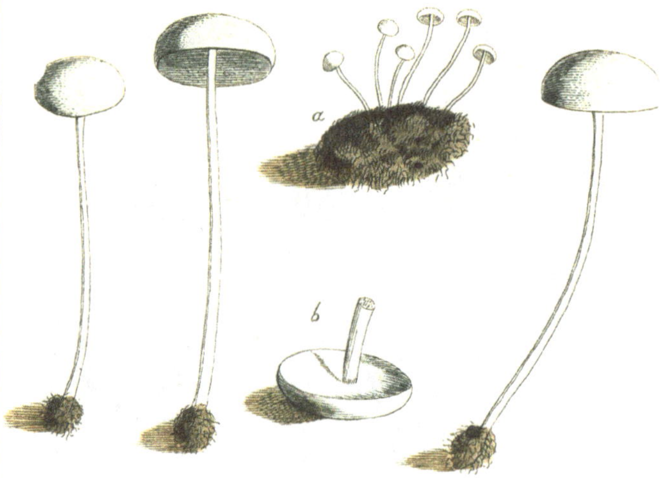

Fig. 2.

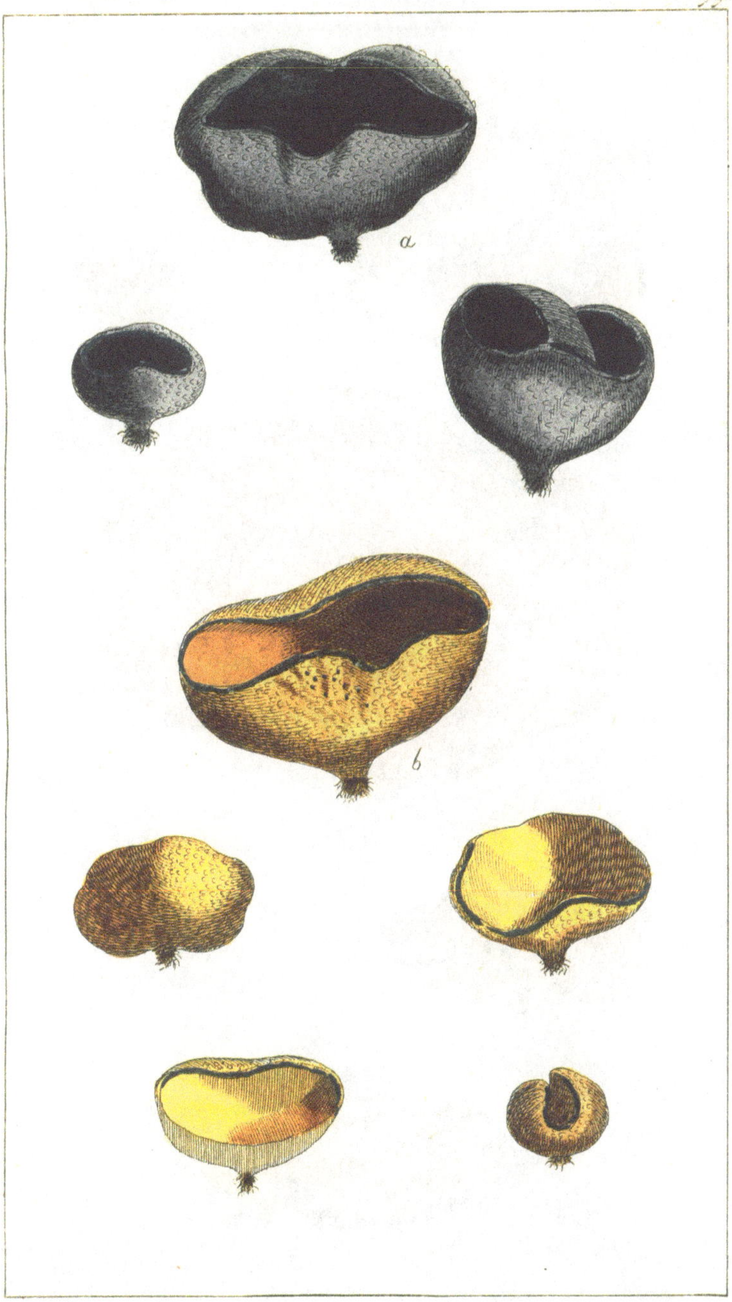
a
b

Fig. 1.

Fig. 2.

Fig. 1.

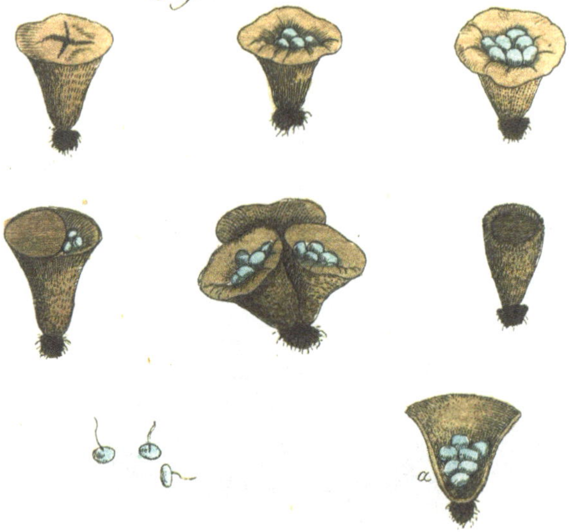

Fig. 2.

C
B
A

Fig. 1.

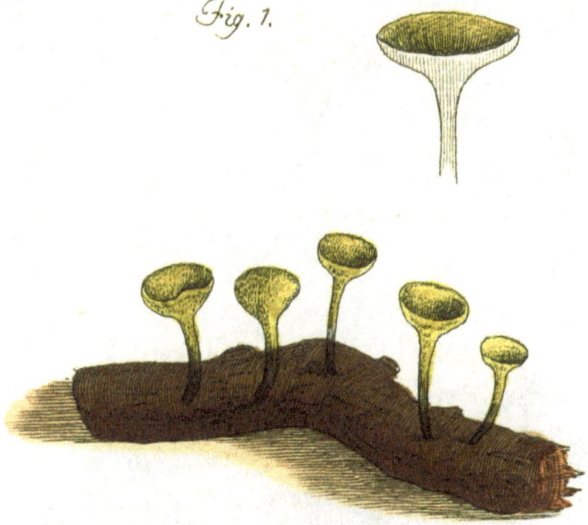

Fig. 2.

Fig. 1.

Fig. 2.

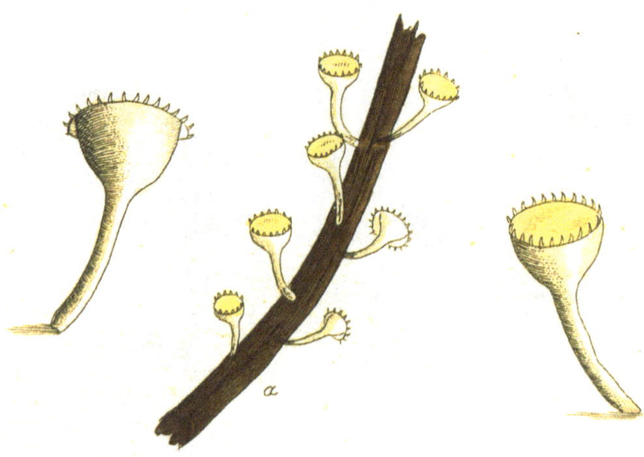

a
c
b

Fig. 1.

Fig. 2.

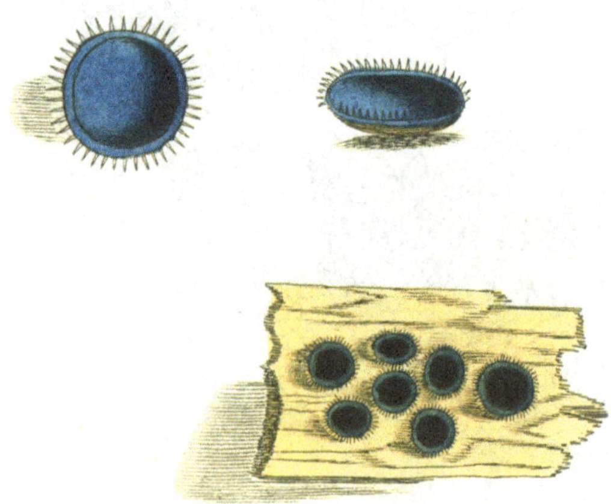

Fig. 1.

Fig. 2.

111.

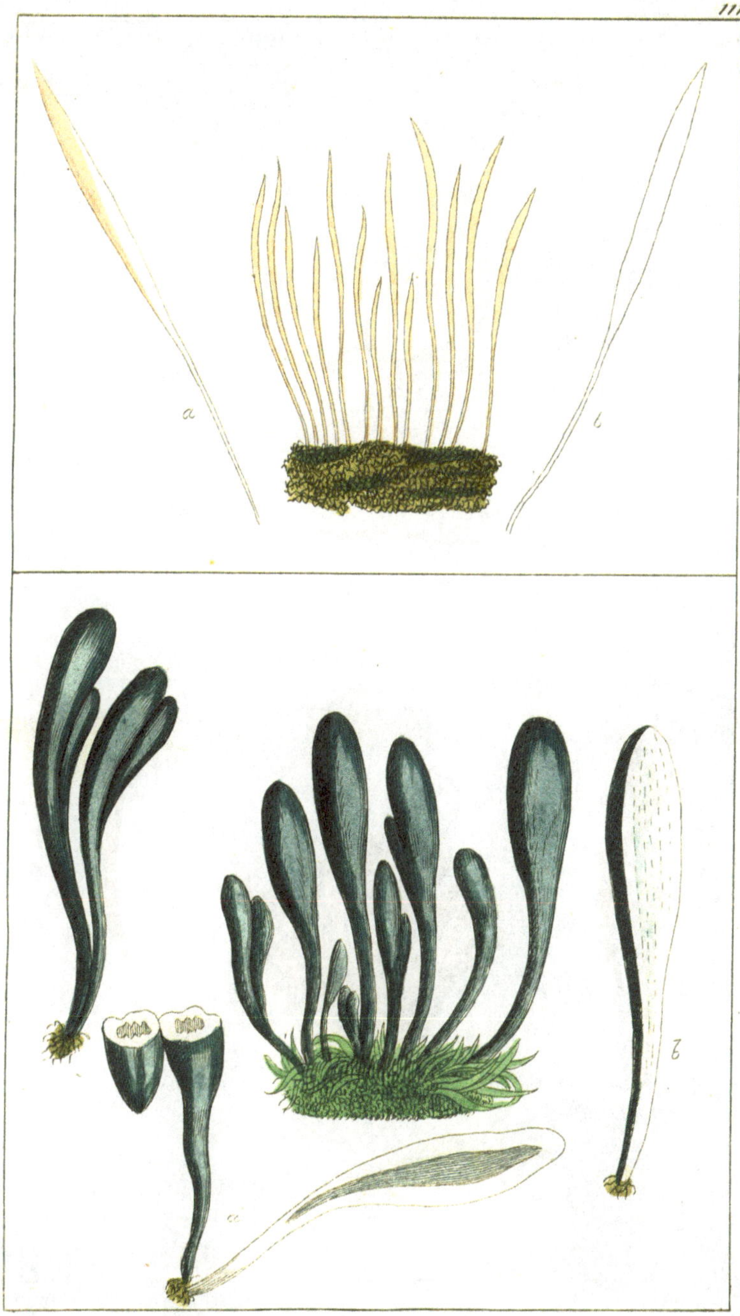

Fig. 1

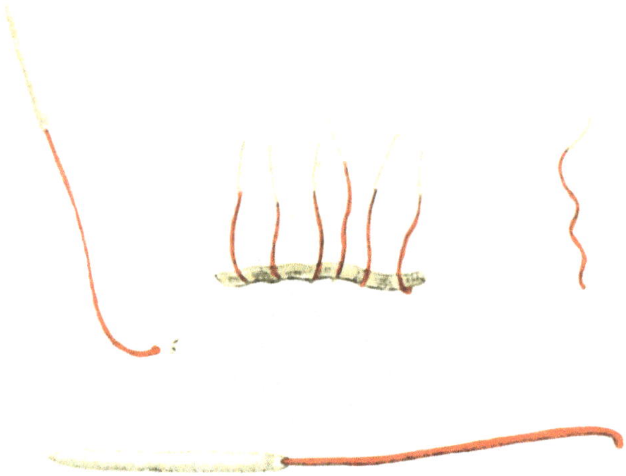

Fig. 2

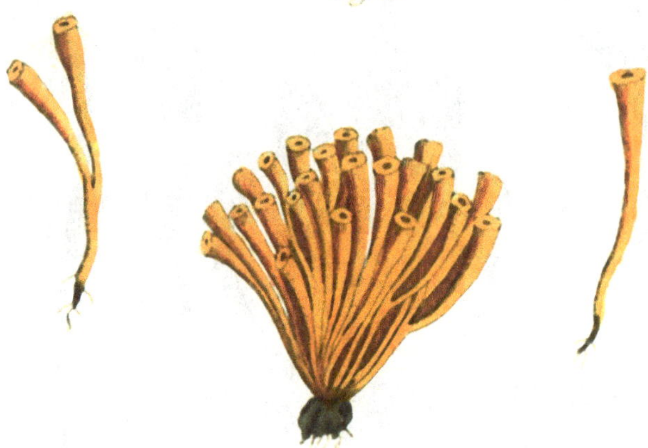

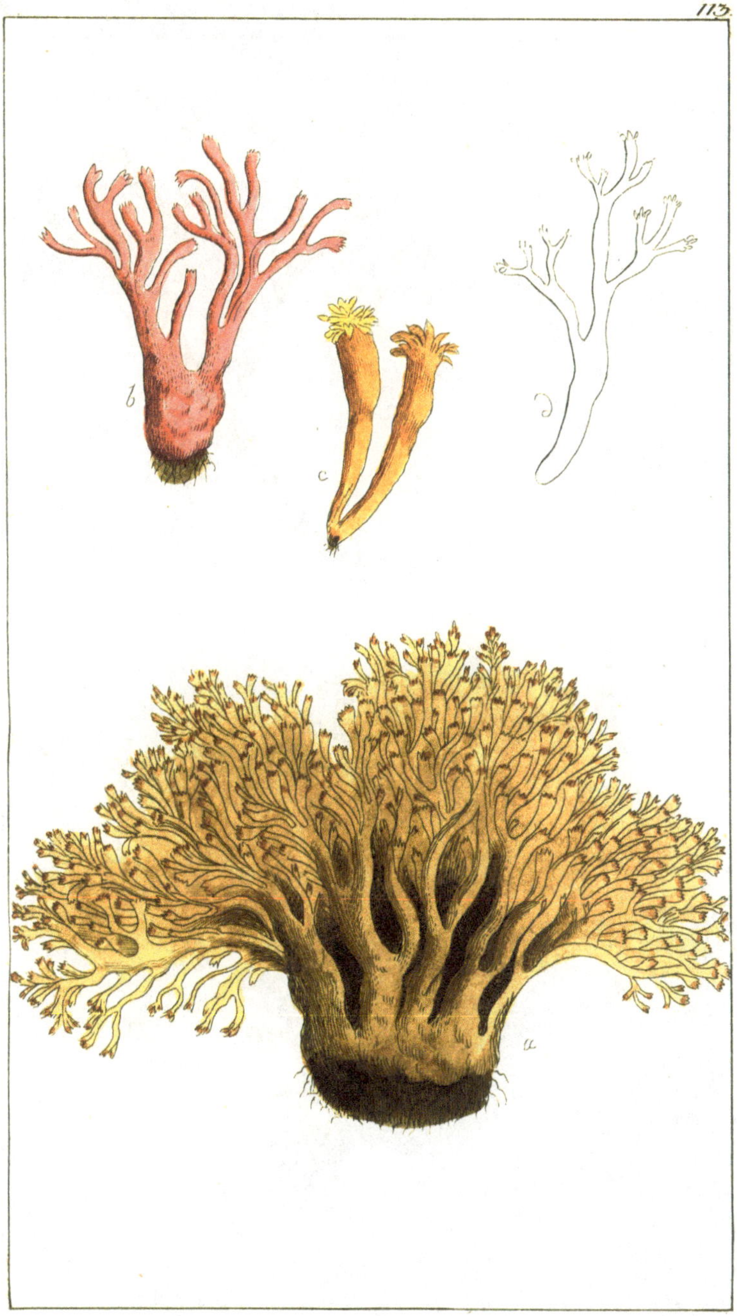
b
c
d
a

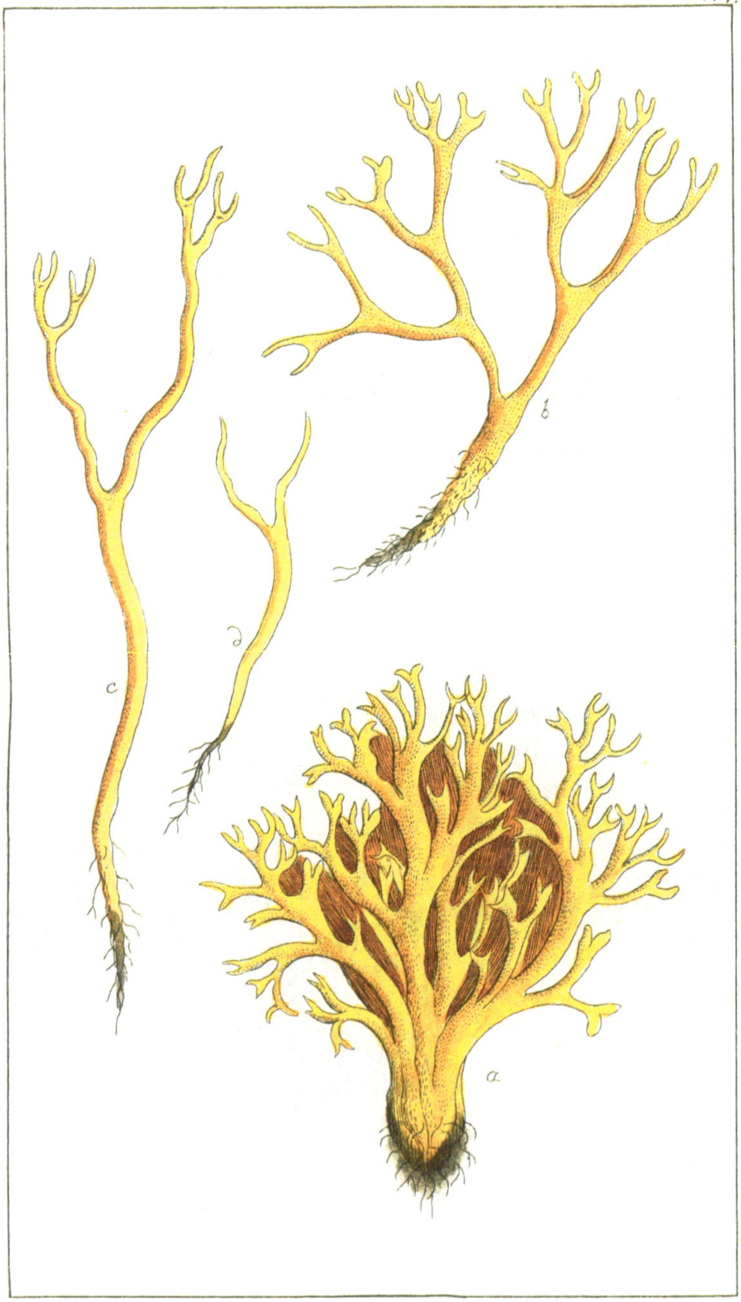
b
d
c
a

116.

117.

Fig. 1.
Fig 2
a
b
c
d

Fig. 1

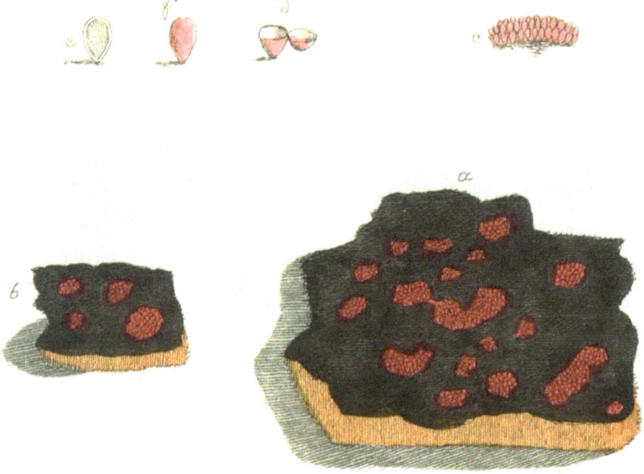

Fig. 2.

Fig. 1.

Fig. 2.

Fig. 2.
a
b
Fig. 1.

b
b
a
a
b

b
a
c
d
e

d
b
c
e
a

b
a

b
a

c
b
a
a
b
b

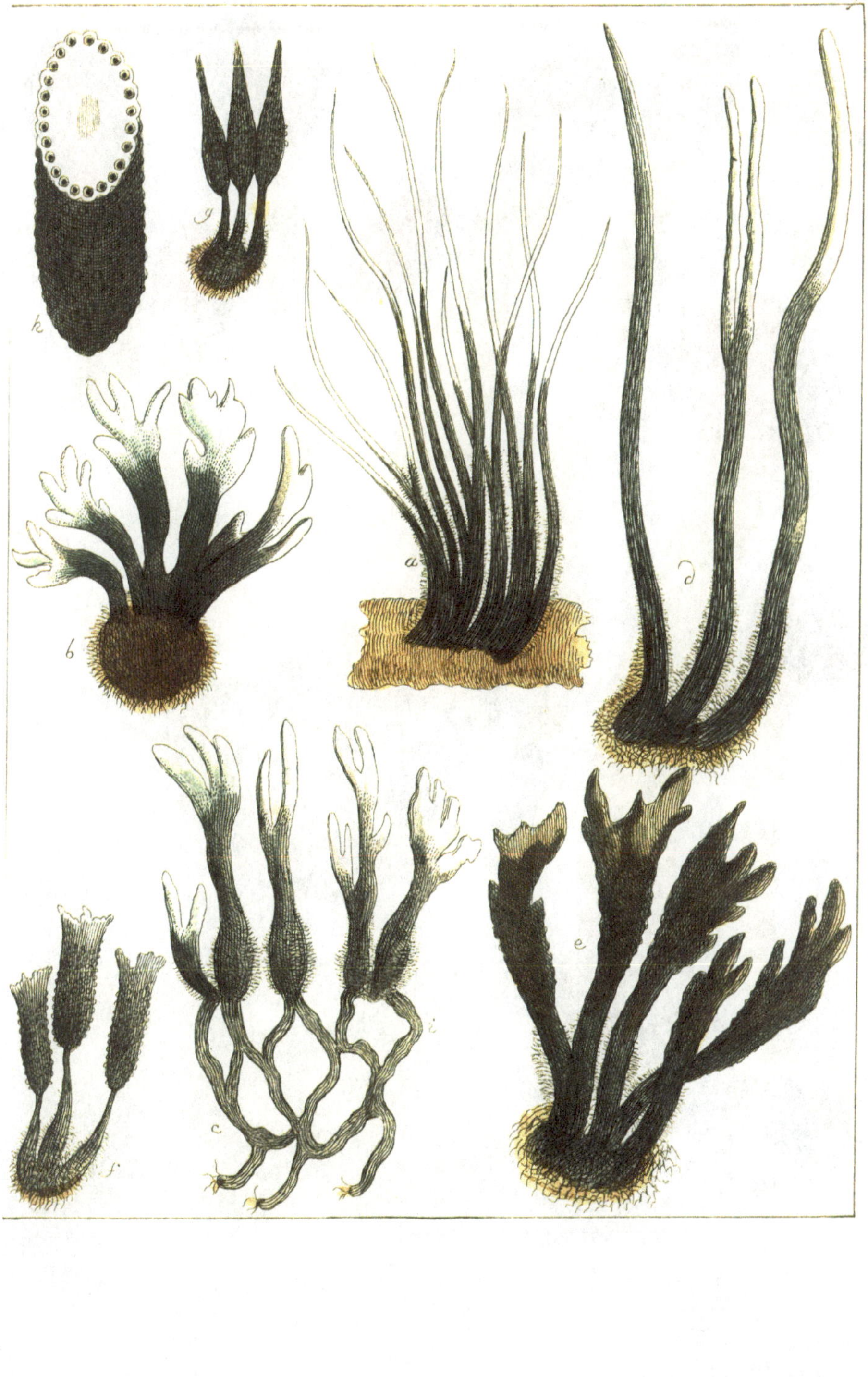

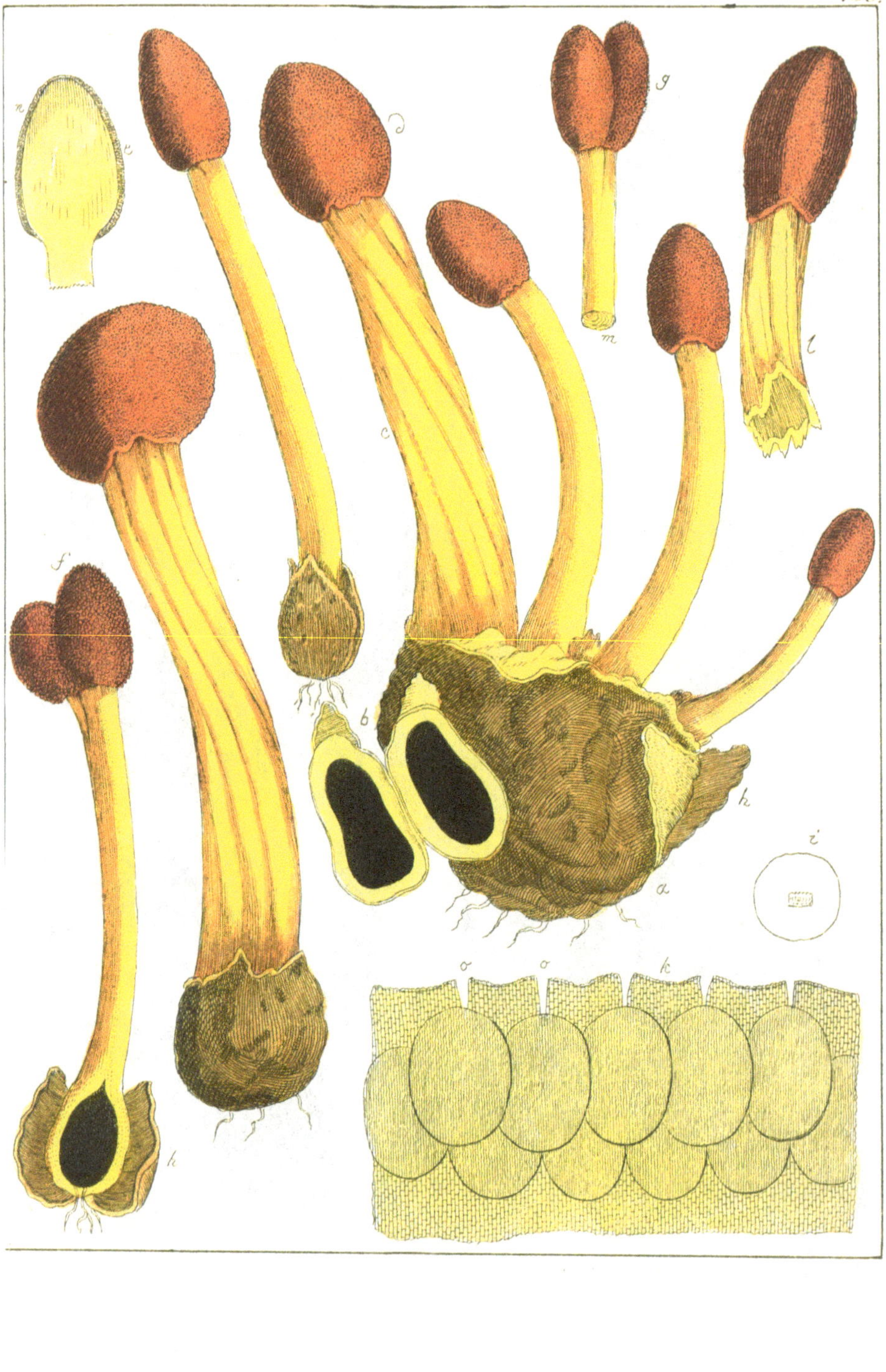
n
e
d
g
c
m
l
f
b
h
a
i
o
o
k
h

b
d
e
c
a

Fig. 1.
Fig. 2.
Fig. 3.
Fig. 4.

Fig. 1.

Fig. 2.

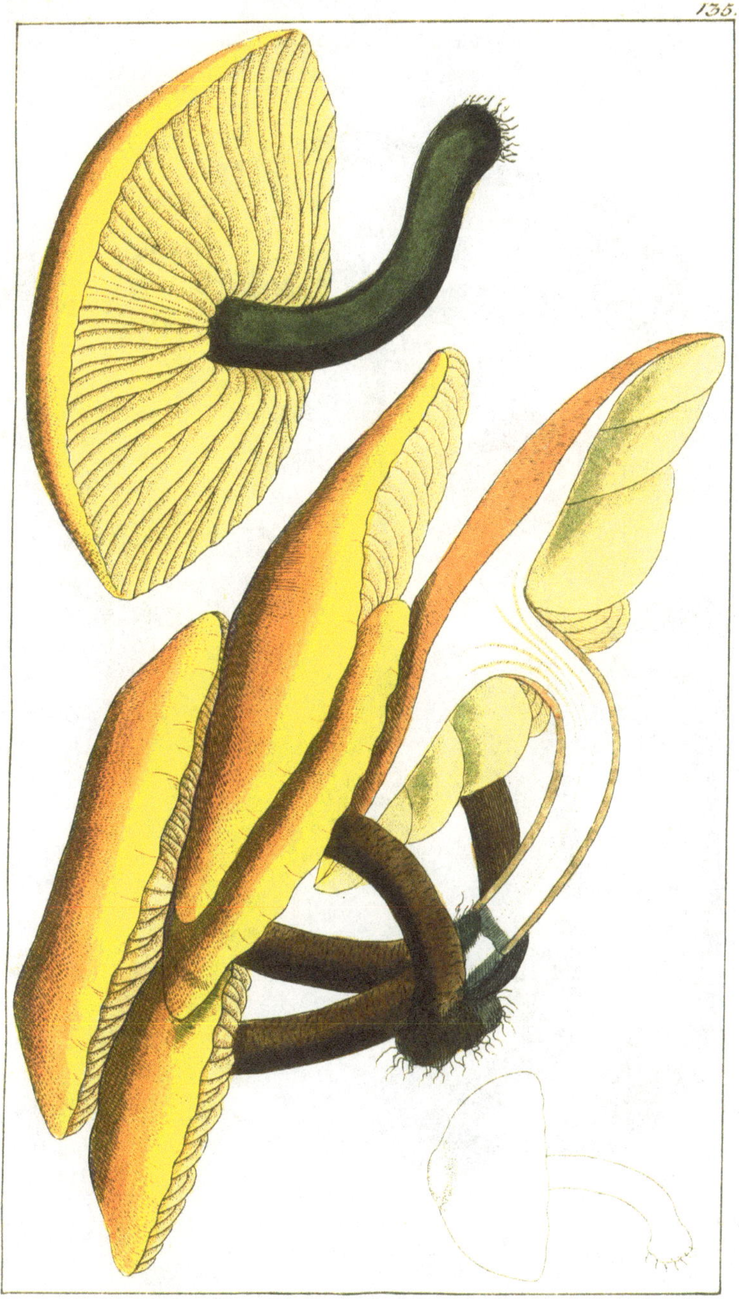

a

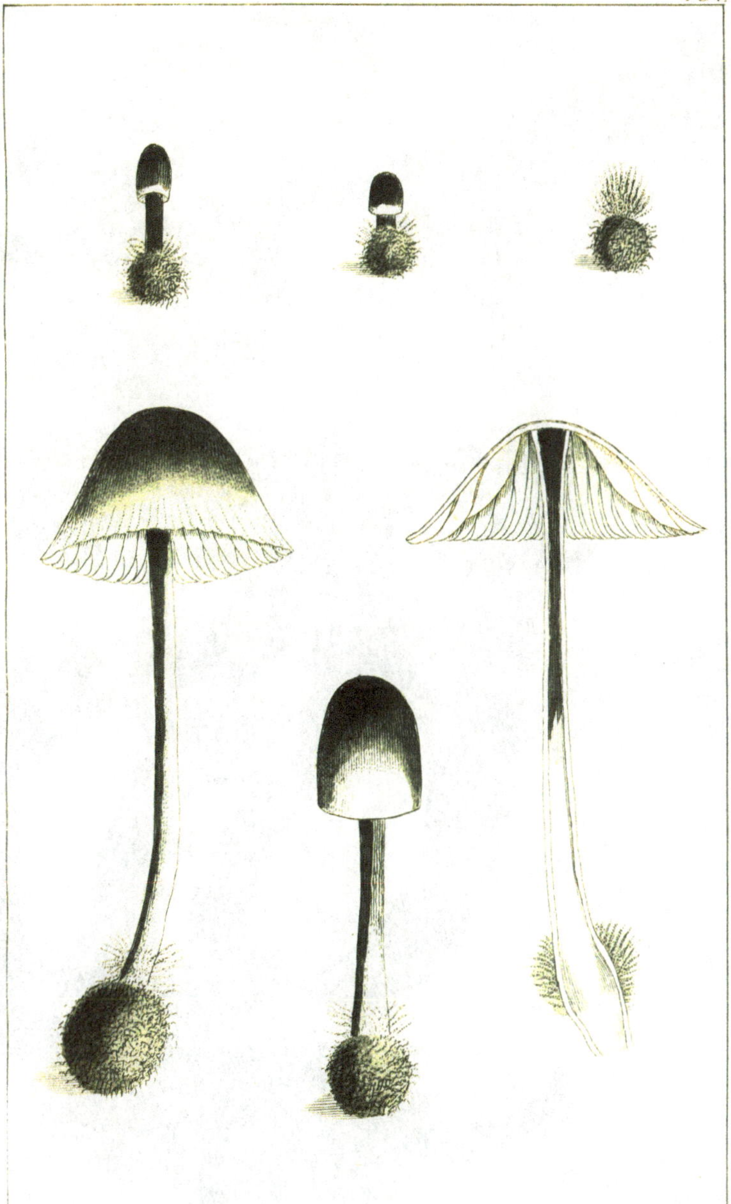

a
b

MIX
Papier | Fördert gute Waldnutzung
FSC® C083411

Zeitfracht Medien GmbH
Ferdinand-Jühlke-Straße 7
99095 Erfurt, Deutschland
produktsicherheit@kolibri360.de